周蓓 主編

『民國專題史』叢書

方樂天 著

河南人民出版社

中國倫理政治大綱

在占有豐富的歷史材料基礎上，對中國倫理學說史作了系統深入地分析，認爲仁義之性，爲人類一切活動之樞機，中國倫理政治學說之主幹，是一本有重要參考價值的學術著作

圖書在版編目(CIP)數據

中國倫理政治大綱 / 方樂天著. —鄭州 : 河南人民出版社, 2016.4(2017.1重印)
(民國專題史叢書 / 周蓓主編)
ISBN 978-7-215-10075-6

Ⅰ. ①中… Ⅱ. ①方… Ⅲ. ①政治倫理學-研究-中國 Ⅳ. ①B82-051

中國版本圖書館CIP數據核字(2016)第077600號

河南人民出版社出版發行
(地址 : 鄭州市經五路66號 郵政編碼 : 450002 電話 : 65788063)
新華書店經銷 河南新華印刷集團有限公司印刷
開本 710毫米×1000毫米 1/16 印張 18.75
字數 270千字
2016年4月第1版 2017年1月第3次印刷

定價 : 122.00圓

出版前言

中國現代學術體系是在晚清西學東漸的大潮中逐步形成的。至民國初建，中央政治權威進一步分散和削弱，加之新文化運動帶給國人思想上的空前解放，新學的啓蒙，新知識分子的産生，民國學術如草長鶯飛，進入一個自由而蓬勃的時代。中國傳統學科乃中國學術之根基與菁華所在，民國學人采用『取今復古，别立新宗』之方法，引入西方的學術觀念，積極改造，使史學、文學等學科向現代學術方向轉型。此外，大力推介西方社會科學的新學科和自然科學，在學習、借鑒乃至移植西方現代學術話語和研究範式的過程中，逐漸建立中國現代學科，使中國的學科門類迅速擴展。一時間，新舊更迭，中西交流，百花齊放，萬壑争流，開創了中國現代學術的源頭。

伴隨知識轉型和研究範式轉換而來的，還有學術著作撰寫方式的創新。中國古代的著作向來以單篇流傳，經後人整理匯編後，方以成册成集的面目出現并持續傳播。直到十九世紀末，東西方的歷史編撰體裁不外乎多卷本的編年體、紀傳體和紀事本末體等，章節體的出現標志着近代西方學術規範的産生和新史學的興起。章節體具有依時間順序，按章節編排；因事立題，分篇綜論；既分門别類，又綜合通貫的特點。以章、節搭建起論述之框架，結構分明，邏輯清晰，較傳統的撰寫體裁容量大、系統性强。它的傳入，使中國現代學術體系從内容到形式被納入了全球化的軌道。民國時期專題史的研究、譯介、編纂、出版恰恰是在這樣的背景下欣欣而發，是學術的實驗場，也是歷史的記録儀。編選『民國專題史』叢書的初衷正是爲了從一個側面展示中國學術從傳統向現代過渡的歷史進程。

專題史是對一個學科歷史的總結，是學科入門的必備和學科研究的基礎，也是對一個時代艱深新鋭問題的解答，是學術研究的高點。民國專題史著作中，既包含通論某一學科全部或一時代（區域、國别）的變化過程的，又囊括對一時代或一問題作特殊研究的，還有少部分是對某一專題的史料進行收集的。原創與翻譯并重，翻譯的底本大多選擇該學科的代表著作或歐美大學普及教本，兼顧權威性和流行性，其中日本學者的論著占據了相當比重。日本與中國同屬東亞儒家文化圈，他們在接納西方學術思想和研究模式時，已作了某種消化與調適，從思維轉換的角度看，更便于中國借鑒和利用，他們的著作因而被時人廣泛引進。

與當代學術研究日趨專業化、專門化、專家化的「窄化」道路迥乎不同的是，中國傳統學術崇尚「學問主通不主專，貴通人不尚專家」的通識型治學門徑，處于過渡轉型期的民國學術在不同程度上保留了這種特徵。民國學術大師諸學科貫通一脉，上千年縱横捭闔之功力自不待冗言，外交家著倫理政治史、文學家著哲學史、化學家著戰争史等亦不乏其人，民國專題史研究呈現出開放、融通、跨界撰述的特點。與此同時必須看到，自晚清以來，中國的命運就在外侮屢犯、内亂頻仍的窘境中跌宕彷徨，民族存亡仿若命懸一綫。這股以創建學科、總結經驗、解决問題爲指歸的專題史出版風潮背後，包裹着民國學人企望以西學爲工具拯民族于衰微的探索精神，及以學術救亡的愛國之心。梁任公曾言：「史學者，學問之最博大而最切要者也，國民之明鏡也，愛國心之源泉也。」這種位卑未敢忘憂國的歷史使命感和國民意識是今人無法漠視和遺忘的。

「民國專題史」叢書收録的範圍包括現代各個學科，不僅限于人文社會科學，學科分類以《民國總書目》的分科爲標準，計有哲學、宗教、社會、政治、法律、軍事、經濟、文化、藝術、教育、語言文字、中國文學、外國文學、中國歷史、西方史、自然科學、醫學、工業、交通共19個學科門類。本叢書分輯整理出版，内不分科，單本發行，方便讀者按需索驥。既可作爲大專院校圖書館、學術研究機構館藏之必備資源，也可滿足個人研讀或興趣之收藏。

與目前市場已有的一些專題史叢書相比，「民國專題史」叢書具有規模大、學科全、選本精、原版影印的特點。本叢書選目首重作者的首創、權威和著作影響力，尤其注重選本的稀見性。所謂稀見，即建國後没有再版，且多數圖書館没有收藏，或即便有收藏，也是歸于非公開的珍本之列予以保存，普通讀者難以借閲。部分圖書雖有電子版，但作爲學術研究的經典原著讀本，紙質版本更利于記憶和研究之用。本叢書精揀版本最早、品相最佳的原版圖書作爲底本，因而還具有很高的版本收藏價值。

「民國專題史」的著作是民國學者對于那個時代諸問題之探究，往往有獨到之處，無論其資料、觀點短長得失如何，要之在中國現代學術史的構建與發展進程中，自有其開宗立論之地位。

序

余幼受庭訓。先君子晉齋公嘗召余曰。學以通達爲貴。以致用爲本。學而不能通達。譬如呑棗。食而不化。學而不能致用。譬如藏鏹。何貴于學。我中國數千年古聖先賢之嘉言懿行。足資吾人楷式者。浩如烟海。余嘗思融會而貫通之。綜合而分析之。使之易知而易行。然幼遭洪楊之役。家產蕩盡。汝先祖妣姚太夫人。苦節自甘。以養以教。及壯。余以薄官供職江蘇。以奉先妣。然終以親民之政。未敢怠荒。無暇握管。今余老矣。汝其善繼吾之志焉。是言也。距今二十餘年矣。此二十餘年間。輾轉于教育外交文化職務。所司均屬西文。以是先君子之遺志。迄未能行。每一念及。輒惘然若有所失。惆悵不能自已。三十年春。商務書館英文工作完全停頓。而余身主其事。念尸位素餐之戒。不得不自請辭職。奔走江浙。務農務商。以圖苟全。又終以業非素習。均遭失敗。加以時局非常。幣値慘跌。復癭重疾不及兩載。而二十餘年辛勞之積蓄。幾全部耗盡。日暮途窮。閉戶讀書。以俟天命。凡五閱月。而是書告成。先君子諄諄所望于余者。至是始稍見端倪。曾子曰。鳥之將死。其鳴也哀。人之將死。其言也善。孟子曰。人恆過然後能改。困于心。衡于慮。然後作。則余是書之成。殆亦窮困發憤之所爲作也。

竊嘗思之。一國之存在。必有其所以存在之理由。民族道德之存亡。一國存亡之所由系也。管子曰。禮義廉恥。國之四維。四維不張。國乃滅亡。孟子曰。上無道揆也。下無法守也。朝不信道。工不信度。君子犯義。小人犯刑。國之所存者幸也。又曰。上無禮。下無學。賊民興。喪無日矣。一國聖哲之言行。入人之心最深。陶鑄民族道德之力最偉。道揆法守。胥由是出。我國當春秋戰國之際。聖哲駢起。文化最盛。我民族數千年之存在。皆此思想爲之骨幹。其間盛衰滅否。亦莫非此思想之消長起伏。爲之導引。蓋百家九流之說。非盡純粹。良善之說興。則國勢盛。昏昧之說興。則國衰微。而潛伏于社會黑暗方面。流毒最深者。當推老氏之學說。吾民族因循苟且。自私取巧之劣根性。蓋莫非老氏無爲尙柔之說。有以致之。善謀國者。方將此等龐雜之思想。加以整理。加以搜輯。加以刮磨。以求樹立一健全建國基礎之不暇。更何忍並此脆弱之基礎。一掃而空之。迨民族固有道德。既經破壞。非特無較善者爲之替代。反將異族之惡劣習性。盡量廣播。使民族精神。由迂闊散漫。而徬徨無措 由徬徨無措。而腐化惡化。近十年來。崇尙浪漫幽默之風。蓋已瀰漫全國。無敢非之。大勢如此。至堪痛心。孟子曰。夫人必自侮。然後人侮之。家必自毀。然後人毀之。國必自伐。然後人伐之。今日我國瀕危至斯者。非衆業之惡果耶。余以是憂之。爰奉先君子之遺訓。博採古聖先哲思想之遺跡。一準之于民族之生存幸福。善者取之。不善者去之。至于門戶派別之見。時代先後之分。槪不計及。故取名不曰中國倫理政治思想史。而曰中國倫理政治大綱。惟是窮居獨處。攻錯無方。掛一漏萬。在所不免。世之君子。幸匡正之。俾我國固有道德。得以發揚光大。立國基礎。得以鞏固。則先君子之私願。或得一償于異日乎。

中華民國三十二年端陽日　方樂天序于杭州紫陽山麓之也園

本書之範圍

秦漢以前。吾中國學術思想。舉其大者。約分四派。一曰無爲主義。以老聃莊周爲代表。一曰兼愛主義。以墨翟爲代表。一曰法治主義。以商鞅韓非爲代表。一曰禮教主義。以孔孟爲代表。要皆以人類生存活動爲對象。故總括之曰人生哲學。無爲主義。尙無爲。非仁義。蔑孝慈。故無政治。無倫理。其所謂政治。亦曰無爲而已。兼愛主義。重法儀。尙賢能。愛人而無別。故有政治而無倫理。其所謂政治。亦節用薄葬而已。法治主義。非仁義。去禮樂。一以嚴刑峻法爲御馭臣下。整齊百姓之具。故非政治。非倫理。其所謂政治。亦曰術數而已矣。禮教主義。尙道德。重仁義。尊賢能。主以禮化民。故有政治。有倫理。本書所闡述者。倫理政治也。故取材限于禮教主義。其老莊墨翟商韓之說。亦間有取之者。其目的亦在藉以發明禮教主義之思想而已。

中庸曰。仲尼祖述堯舜。憲章文武。故禮教主義之學說。實上起堯舜。下逮春秋戰國時之賢士大夫。特孔子集其大成。孟子更發揚而光大之。故以孔孟爲代表。至其學說之內容。則以倫理政治爲中心。大學曰。古之欲明明德于天下者。先治其國。欲治其國者。先齊其家。欲齊其家者。先脩其身。欲脩其身者。先正其心。欲正其心者。先誠其意。欲誠其意者。先致其知。

致知在格物。物格而后知至。知至而后意誠。意誠而后心正。心正而後身脩。身脩而后家齊。家齊而后國治。國治而后天下平。治國也。平天下也。所謂政治也。脩身也。齊家也。所謂倫理也。格物致知正心誠意。乃窮理盡性之方。而又爲倫理政治之始基也。中庸曰。天命之謂性。率性之謂道。脩道之謂教。道者何。曰君臣也。父子也。夫婦也。昆弟也。朋友之交也。五者天下之達道也。所謂倫理也。盡其性于此倫常之理。則謂之道。教以人倫。則謂之教。故本書言倫理。言政治。並溯源于天命之性。而將積學敦禮待人出處歸納于倫理一篇。言政治。則溯源于政府之所由成。明于政府之所由成。則知政治以民爲本位。而養民教民衞民政令典職諸端。皆以人民爲主體。而謀其物質上與精神上之生存之安寧的與有秩序的發展也。故政治不過爲一種工具。其最大目的。乃在國家民族得一種健全而愉快的生存也。

孔子曰。爲政在人。取人以身。脩身以道。修道以仁。仁者天命之性也。孟子所謂人皆有之惻隱之心。不忍人之心也。其發之于脩身律己。則爲主敬。爲存誠。發之于父子之間。則爲孝慈。發之于夫婦之間。則爲義順。發之兄弟之間。則爲敦睦。發之于君臣之間。則爲禮爲忠。發之于朋友之間。則爲忠信。發之于天下國家。則爲不忍人之政。敬事而信也。節用而愛人也。使民以時也。老者衣帛食肉。黎民不飢不寒。而又講庠序之教。申之以孝弟之義也。是皆不忍人之政之大端也。溯其源。則曰人類之天性。仁義而已矣。故仁義之性。爲人類一切活動之樞機。爲中國倫理政治學說之主幹。故本書以孟子性善之說肇其端。以十三經及老莊荀墨管仲商韓之說發其藴。而以仁義爲澈始澈終之動脈。今當依次。先言人性。次述倫理。再言政治。

目錄

下篇　政治

結論

目錄

附篇……二五八

中國倫理政治大綱

上篇 倫理

第一章 性

第一節 性之意義

一 中。仁。誠。

性說至孟子而大倡。孟子以前。語焉不詳。子貢曰。夫子之文章。可得而聞也。夫子之言性與天道。不可得而聞也。至孔子以前。則更無隻字片語。且其命名。又隨時而異。故欲一語以賅舉之。殊不可能。然孟子曰。人之所以異於禽獸者幾希。吾人今所闡述者。爲倫理。爲政治。倫理政治。皆人道也。旣言人道。則對於其出發點。不可不先加以說明。換言之。卽吾人對於此人類所以別於禽獸之幾希者。不得不先究其意義。

帝典曰。人心惟危。道心惟危。惟精惟一。允執厥中。

仲虺之誥曰。惟天生民有欲。無主乃亂。惟天生聰明時乂。……王懋昭大德。建中于民。以義制事。以禮制心。

湯誥曰。惟皇上帝。降衷于上民。若有恆性。克綏厥猷惟后。

綜上以觀。天生民有欲。有欲而無主則亂。是人心惟危也。然苟能惟精惟一。率其聽明。恆其天性。以義制事。以禮制心。以理智率人欲。則此上帝所降之衷。換言之。卽人類所以異於禽獸之道心。固未嘗不在。是中也。道心也。皆堯舜禹湯之所謂性也。此可謂性之第一界說。

太甲曰。茲乃不義。習與性成。又曰惟予小子。不明于德。自底不類。欲敗度。縱敗禮。以速戾于厥躬。

習與性成。以今語釋之。所謂習慣成第二天性也。欲敗度。縱敗禮。所謂滅天理而窮人欲也。欲敗度。縱敗禮。以不明于德也。是德也。乃天命之性也。是道心也。周官曰。作德心逸日休。作僞心勞日拙。率性而行。何勞之有。故曰心逸日休也。

文王之詩曰。帝謂文王。無然畔援。無然歆羨。誕先登于岸。……帝謂文王。予懷明德。不大聲以色。不長夏以革。不識不知。順帝之則。

烝民之詩曰。天生烝民。有物有則。民之秉彝。好是懿德。

好是懿德。民之秉彝也。民之秉彝。而好是懿德。自能不畔援。不歆羨。不大聲以色。不長夏以革。不識不知。而順循之。此所謂率性之謂道也。是德也。則也。秉彝也。乃伊尹周公時代之所謂性也。此可謂性之又一界說。

孔子曰。性相近也。習相遠也。然性之含義。究爲何物。其象徵究竟如何。易傳曰。一陰一陽之謂道。繼之者善也。成之者性也。仁者見之謂之仁。知者見之謂之知。百姓日用而不知。是性也者。仁也。知也。何謂仁。孔子謂顏淵曰。克己復禮爲仁。請問其目。曰非禮勿視。非禮勿聽。非禮勿言。非禮勿動。是視聽言動。一循于禮。而無絲毫人欲之念。介于其間。卽所謂仁也。卽性之本體也。是克己復禮。卽帝典所謂惟精惟一。允執厥中。仲虺之誥。所謂以義制事。以禮制心也。詩所謂無然畔援。無然歆羨。誕先登于岸也。故復之彖曰。復其見天地之心乎。天地之心。人之性也。克己復禮。則明心見性矣。

請申言之。所謂克己復禮。所謂視聽言動。一循于禮。何謂也。樊遲問仁。子曰愛人。又問。子曰居處恭。執事敬。與人忠。居處恭。執事敬。與人忠。則非禮不視。非禮不聽。非禮不言。非禮不動矣。故恭也。敬也。忠也。皆明心見性之方也。仲弓問仁。子曰出門如見大賓。使民如承大祭。己所不欲。勿施于人。在邦無怨。在家無怨。出門如見大賓。使民如承大祭。則居處恭而執事敬矣。己所不欲。勿施于人。在邦無怨。在家無怨。則與人忠矣。故恭敬而忠誠者。其居處執事與人之際。必無絲毫人欲之念。自欺之僞。介于其間也。是所謂仁也。是性之顯於外者也。故孔子曰。剛毅木訥近仁。剛毅木訥。則無人欲之念。無自欺之僞矣。孔子又曰。巧言令色鮮矣仁。以其無往而不自欺也。非人之本性也。故孔子之釋性曰仁。而其明性之方則曰克己復禮。與堯舜禹湯伊尹周公時代之所謂中。所謂德。所謂則。蓋初無二致也。

中庸曰。天命之謂性。率性之謂道。修道之謂教。道也者。不可須臾離也。可離非道也。是故君子。戒愼乎其所不覩。恐懼乎其所不聞。莫見乎隱。莫顯乎顯。故君子愼其獨也。吾人若以此段文字。與帝典所言相對照。則天命之謂性。率性之謂道。是道心也。人心惟危。道心惟微。一念之差。卽足以滅天理而窮人欲。故道也者。不可須臾離也。須臾之離。則去道心遠矣。惟其如此。故須精一以執厥中。故君子必愼其獨。此莫見乎隱。莫顯乎微之獨。蓋易傳所謂无思也。无爲也。寂然而未動者也。是喜怒哀樂未發之中也。是性之本體也。是天下之大本也。迨其感而遂通天下之故。是中庸所謂發而皆中節之和也。是天下之達道也。中庸曰。天下之達道五。曰君臣也。父子也。夫婦也。昆弟也。朋友之交也。是人倫也。人倫明。而天下之故通矣。是性之用也。

就其戒愼于不覩不聞而言。謂之誠。中庸曰。誠者天之道也。又曰。誠者不勉而中。不思而得。後容中道。聖人也。詩所謂無然畔援。無然歆羨。誕先登于岸。又所謂不大聲以色。不長夏以革。不識不知。順帝之則是也。故中庸又曰。自誠明謂之性。又曰惟天下至誠。惟能盡其性。盡性在于存誠。存誠卽所以盡性。易傳曰。閑邪存其誠。蓋所以盡性也。能盡其性。則能盡人之性。能盡人之性。則君臣父子夫婦昆弟朋友之道。均能各得其宜。由是親親而仁民。仁民而愛物。故曰能盡人之性。則能盡物之性。能盡物之性。則可以贊天地之化育。可以贊天地之化育。則可以與天地參矣。是盡性之極致也。要其本。在于道心之無時或離。在于愼獨。

在于存誠。在于率性。何以言之。

曾子曰。所謂誠其意者。毋自欺也。如惡惡臭。如好好色。此之謂自謙。故君子必慎其獨也。小人閒居爲不善。無所不至。見君子而后厭然。揜其不善。而著其善。人之視己。如見其肺肝然。則何益矣。此謂誠于中形于外。故君子慎其獨也。曾子曰。十目所視。十手所指。其嚴乎。富潤屋。德潤身。心廣體胖。故君子必誠其意。

惡惡臭。好好色。此天命之性也。善知爲善。不善知爲不善。此亦天命之性也。帝降之衷也。率其天命之性。而不畔援。不歆羡。不識不知。順帝之則。無須臾計較利害得失之心。介于其間。則所謂作德心逸日休。雖不欲心廣體胖得乎。此天命之性。固極希微。苟有須臾計較利害得失之心。介于其間。有所爲而爲。則知惡臭而好之。知好色而惡之。知善而不爲。知惡而爲之。好人之所惡。惡人之所好。是爲拂人之性。是謂人爲。是謂僞矣。非復天命之性矣。夫趙高指鹿爲馬。是豈趙高之性哉。彼有所爲而爲也。越王勾踐之臣妾于吳。是豈勾踐之性哉。彼有所爲而爲也。易傳曰。將叛者其辭慚。中心疑者其辭枝。吉人之辭寡。躁人之辭多。誣告之人其辭游。失其守者其辭詘、此亦天命之性。無容或蔽。誠之不可揜如此也。彼將叛而辭不慚、中心凝而辭不枝。誣善而辭不游。失其守而辭不詘。則有所訓練而然也。伊尹所謂習與性成者也。非天命之性也。故天下雖至愚極惡之人。亦未嘗無人之性也。就其本然之體。而不加以須臾人爲之念者。則謂之誠。

中庸云。自誠明。謂之性。又曰。惟天下至誠。爲能盡其性。故存誠愼獨。則性在其中。存誠愼獨。卽所以允執厥中。允執厥中。則惟微之道心。無時或失。天命之性。昭然常在。而天下之大本立矣。故道心也。中也。聰明也。上帝所降之衷也。德也。則也。仁也。知也。誠也。皆性之本體也。惟命名不同耳。非堯舜禹湯伊尹周公孔子未嘗言性也。惟就吾人今日所用之文字言之。性說至曾子子思始得一具體之界說耳。其說唯何。曰。天之所命而無須臾自欺之念。介于其間者。謂之性。此一界說。實上承堯舜禹湯伊尹周公孔子之緒。而下啓孟子對于性說發揚光大之基。學者于此三致意焉。則于性說。斯得其綱領矣。

二　良知仁義禮智

言性者。至孟子時始漸衆。而學說亦漸分歧。曰生之謂性。曰食色性也。孟子言性。則曰良知。曰仁義。請舉孟子數段以明之。

告子曰。生之謂性。孟子曰。生之謂性也。猶白之謂白與。曰然。白羽之白也。猶白雪之白。白雪之白。猶白玉之白與。曰然。然則犬之性。猶牛之性。牛之性。猶人之性與。

告子于孟子此問。有無答復。苟有答復。其答復如何。吾人不得而知。但就孟子之言推之。孟子必以爲犬牛有生。人亦有生。固也。但犬牛有犬牛之生。人有人之生。犬牛之生。不若人之生。犬牛有犬牛之性。人有人之性。人之性必不若犬牛之性。何以言之。孟子曰。人之所以異于禽獸者幾希。此幾希者。生性不同也。故生之謂性一語。實太廣泛。孟子之言性。不若此也。

較生之謂性之學說。更進一步。而其語頗類似近代唯物主義。將人類一切活動。建基于經濟條件之上者。是爲食色性也之說。

告子曰。食色性也。吾人且觀孟子于此說之答復如何。

孟子曰。口之于味也。目之于色也。耳之于聲也。鼻之于嗅也。四肢之于安佚也。性也。有命焉。君子不謂之性也。仁之于父子也。義之于君臣也。禮之于賓主也。智之于賢者也。聖人之于天道也。命也。有性焉。君子不謂之命也。

孟子雖未完全否認食色性也之說。而却絕不承認人性卽爲食色二事。何也。曰犬牛亦生而有耳目口鼻四肢之用。若人亦若犬牛然。飢惟思食。渴惟思飲。困倦惟思休息。安佚惟思淫慾。此外絕無他事。則人之所以異于禽獸之幾希者何在。故孟子以爲吾人雖不能完全否認食色之性。而却不能不承認有較食色爲尤重。而支配食色之正當途徑。使人類有以自別于禽獸者。此物唯何。仁義禮智之性是也。請舉孟子一段以明之。

任人有問屋廬子曰。禮與食孰重。曰禮重。色與禮孰重。曰禮重。曰以禮食。則飢而死。不以禮食則得食。必以禮乎。親迎則得妻。不親迎則不得妻。必親迎乎。屋廬子不能對。明日之鄒。以告孟子。孟子曰。于是答也何有。不揣其本。而齊其末。方寸之木。可使高于岑樓。金重于羽者也。豈謂一鈎金與一輿羽之謂哉。取食之重者。與禮之輕者而比之。奚翅食重。取色之重者。與禮之輕者而比之。奚翅色重。往應之曰。紾兄之臂而奪之食。則得食。不紾。則不得食。則將紾之乎。踰東家牆而摟其處子則得妻。不摟則不得妻。則將摟之乎。吾人處千載下。讀古人之書。以情度之。雖任人亦必以紾兄之臂。摟東家之處子。爲不然矣。雖不得食。而不欲紾兄之臂而奪之食者。是人類所以異于禽獸之性爲之也。雖不得妻。而不欲踰東家牆而摟其處子者。是亦人類所以異于禽獸之性爲之也。故孟子不以食色爲性。而其言性也。必曰父子之仁。君臣之義。賓主之禮。聖賢之智也。何以知仁義禮智之爲人之性也。以其由內也。非外也。何以知仁義禮智之非外也。

告子曰。仁內也。非外也。義外也。非內也。孟子曰。何以謂仁內義外也。曰彼長而我長之。非有長于我也。猶彼白而我白之。從其白于外也。故謂之外也。曰異于白馬之白也。無以異于白人之白也。不識長馬之長也。無以異于長人之長與。且謂長者義乎。長之者義乎。曰。吾弟則愛之。秦人之弟則不愛也。是以我爲悅者也。故謂之內。長楚人之長。亦長吾之長。是以長爲悅者也。故謂之外也。曰。耆秦人之炙。無以異于耆吾炙。夫物則亦有然者也。然則耆炙亦有外與。

炙在外。耆在我。長者在外。長之者在我。故孟子曰。義內也。非外也。雖然。意猶有未盡焉。孟季子問公都子曰。何以謂義內也。曰行吾敬。故謂之內也。曰鄉人長于伯兄一歲。則誰則飲食亦在外也。

聞之曰。敬叔父則敬。敬弟則敬。果在外非由內也。公都子曰。冬日則飲湯。夏日則飲水。然弟。子曰惡在其敬叔父也。曰在位故也。子亦曰在位故也。庸敬在兄。斯須之敬在鄉人。季子答。以告孟子。孟子曰。敬叔父乎。敬弟乎。彼將曰敬叔父。曰弟爲尸。則誰敬。彼將曰敬敬。曰敬兄。酌則誰先。曰先酌鄉人。所敬在此。所長在彼。果在外。非由內也。公都子不能

兄爲敬之對象。酌時之鄉人爲敬之對象。叔父爲敬之對象。爲尸時之弟亦爲敬之對象。對象在外。而敬則在吾心。故曰敬由內。非在外也。故曰義內也。故孟子曰。仁義禮智。非由外鑠我也。我固有之也。知其所當愛而愛之。知其所當敬而敬之。是天命之性也。孟子謂之良知。孟子曰。人之所不學而能者。其良能也。所不慮而知者。其良知也。孩提之童。無不知愛其親也。及其長也。無不知敬其兄也。親親仁也。敬長義也。

故曰。仁義禮智。我固有之也。是人之所不學而能。所不慮而知。無須臾自欺之念。無須臾計較利害得失之心，介于其間。是天命之性。是人之性。非若犬牛之無父子君臣賓主聖賢之分。仁義禮智天命之性也。此人之所以異于禽獸者也。此孟子之言性也。請再分析言之。

孟子曰。今人乍見孺子。將入于井。皆有怵惕惻隱之心。非所以內交于孺子之父母也。非所以要譽于鄉黨朋友也。非惡其聲而然也。夫乍見而有之心。必無須臾自欺之念矣。必無暇計較利害得失矣。是良知之發現也。是天命之性也。故孟子曰。惻隱之心。人皆有之。無惻隱之心。

非人也。又曰惻隱之心。仁之端也。

孟子又曰。一簞食。一豆羹。得之則生。弗得則死。嘑爾而與之。行道之人弗受。蹴爾而與之。乞人不屑也。何以知其然也。檀弓曰。齊大饑。黔敖爲食于路。以待餓者而食之。有餓者蒙面輯屨。貿貿然來。黔敖左手奉食。右執漿。曰。嗟來食。揚其目而視曰。予唯不食嗟來之食。以至于斯也。從而謝焉。終不食而死。何爲其然也。羞惡之心爲之也。故孟子曰。羞惡之心。人皆有之。無羞惡之心非人也。又曰羞惡之心。義之端也。

孟子曰。紾兄之臂而奪之食。則得食。不紾則不得食。則將紾之乎。踰東家牆而摟其處子則得妻。不摟則不得妻。則將摟之乎。不得食而不紾兄之臂。不得妻而不踰東家牆。而摟其處子者。辭讓之心爲之也。故孟子曰。辭讓之心。人皆有之。無辭讓之心非人也。又曰辭讓之心。禮之端也。

孟子曰。存乎人者。莫良于眸子。眸子不能揜其惡。胸中正。則眸子瞭焉。胸中不正。則眸子眊焉。聽其言也。觀其眸子。人焉廋哉。人焉廋哉。孟子又曰。詖辭知其所蔽。淫辭知其所陷。邪辭知其所離。遁辭知其所窮。夫胸中正。則眊子瞭焉。胸中不正。則眸子眊焉。心有所蔽。則辭詖。有所陷。則辭淫。有所離。則辭邪。有所窮。則辭遁。所以然者何也。是非之心使之然也。孟子曰。是非之心。人皆有之。無是非之心非人也。是非之心。智之端也。

故孟子曰。人之有是四端也。猶其有四體也。有是四端。而自謂不能者。自賊者也。謂其君不能者。賊其君者也。凡有四端于我者。知皆擴而充之矣。若火之始然。泉之始達。苟能充之。

足以保四海。苟不充之。不足以事父母。所謂擴而充之者何也。中庸所謂盡己之性。以盡人物之性。而至于位天地育萬物者是也。皐陶曰。天敍有典。勑我五典五惇哉。天秩有禮。自我五禮五庸哉。是盡己之性。以盡人之性也。王制曰。獺祭魚。然後虞人入澤梁。豺祭獸。然後田獵，鳩化爲鷹。然後設尉羅。草木零落。然後入山林。昆蟲未蟄。不以火田。不麛不卵。不殺胎。不殀夭。不覆巢。此皆盡人之性。以盡物之性也。故中庸曰。能盡物之性。則可以贊天地之化育。可以贊天地之化育。則可以與天地參矣。非虛語也。故曰。中國古代倫理政治學說。皆以性爲出發點。而性之意義。至孟子始大倡也。

三　自然

其反對人類一切倫理政治之建設者。則曰仁義非性也。乃人之附贅縣疣也。所謂性者。各適其適。各得其得。一任自然而已。主張此種學說者。當以莊周爲代表。其駢拇篇曰。

> 駢拇枝指。出乎性哉。而侈于德。附贅縣疣。出乎性哉。而侈于性。多方乎仁義而用之者。列于五藏哉。而非道德之正也。是故駢于足者。連無用之肉也。駢于手者。樹無用之指也。多方駢枝于五藏之情者。淫僻于仁義之行。而多方于聰明之用也。是故駢于明者。亂五色。淫文章。青黃黼黻之煌煌非乎。而離朱是已。多于聰者。亂五聲。淫六律。金石絲竹黃鐘大呂之聲非乎。而師曠是已。枝于仁者。擢德塞性。以收名聲。使天下簧鼓以奉不及之法非乎。而曾史是已。駢于辯者。纍瓦結繩。竄句遊心于堅白同異之間。而敝跬譽無用之言非乎。而楊墨是

已。故此皆多旁駢枝之道。而非天下之至正也。彼正正者。不失其性命之情。故合者不爲駢。而枝者不爲跂。長者不爲有餘。短者不爲不足。是故鳧脛雖短。續之則憂。鶴脛雖長。斷之則悲。故性長非所短。性短非所續。無所去憂也。意仁義其非人情乎。彼仁人何其多憂也。且夫駢于拇者。決之則泣。枝于手者。齕之則啼。二者或有餘于數。或不足于數。其于憂一也。今世之仁人。蒿目而憂世之患。不仁之人。決性命之情。而饕富貴。故意仁義其非人情乎。自三代以下者。天下何其囂囂也。且夫待鉤繩規矩而正者。是削其性也。待繩約膠漆而固者。是侵其德也。屈折禮樂。呴俞仁義。以慰天下之心者。此失其常然也。天下有常然。常然者。曲者不以鉤。直者不以繩。圓者不以規。方者不以矩。附離不以膠漆。約束不以纆索。故天下誘然皆生。而不知其所以生。同焉皆得。而不知其所以得。故古今不二。不可虧也。則仁義又奚連連如膠漆纆索。而遊乎道德之間爲哉。使天下惑也。夫小惑易方。大惑易性。何以知其然邪。自虞氏招仁義以撓天下也。天下莫不奔命于仁義。是非以仁義易其性與。故嘗試論之。自三代以下者。天下莫不以物易其性矣。小人則以身殉利。士則以身殉名。大夫則以身殉家。聖人則以身殉天下。故此數子者。事業不同。名聲異號。其于傷性以身爲殉一也。臧與穀二人相與牧羊。而俱亡其羊。問臧奚事。則挾筴讀書。問穀奚事。則博塞以遊。二人者。事業不同。其于亡羊均也。伯夷死名于首陽之下。盜跖死利于東陵之上。二人者所死不同。其于殘生傷性均也。奚必伯夷之是。而盜跖之非乎。天下盡殉也。彼其所殉仁義也。則俗謂之君子。其所殉貨財也。則俗謂之小人。其殉一也。則有君子焉。有小人焉。若其殘生損性。則盜跖亦伯夷已。又惡取君子小人于其間哉。且夫屬其性乎仁義。雖通如曾史。非吾所謂臧也。屬其性乎五味。雖通如俞兒。非吾所謂臧也。屬其性乎五聲。雖通如師曠。非吾所謂聰也。屬其性乎五色。雖通如離朱。非吾所謂明也。吾所謂臧。非仁義之謂也。臧于其德而已矣。吾所謂臧者。非所謂仁義之謂也。任其性命之情而已矣。吾所謂聰者。非謂其聞彼也。自聞而已矣。吾所謂明者。非謂其見彼也。自見而已矣。夫不自見而見彼。不自得而得彼者。是得人之得。而不自得其得者也。適人之適。而不自適其適者也。夫適人之適。而不自適其適。雖盜跖與伯夷。是同爲淫僻也。余愧乎道德。是以上不敢爲仁義之操。而下不敢爲淫僻之行也。

是故任其性命之情者。必自得其得。自適其適也。自得其得。自適其適。是人之性也。然則所謂自得其得。自適其適者何也。莊子馬蹄篇曰。彼民有常性。織而衣。耕而食。是謂同德。一而不黨。命曰天放。……至德之世。同與禽獸居。族與萬物竝。惡乎知君子小人哉。同乎無知。其德不離。同乎無欲。是爲素樸。素樸而民性得矣。

故莊子之所謂性。非仁義之謂也。無知無欲。織而衣。耕而食是也。故莊子之所謂性。生之謂性也。生之謂性者。犬之性猶牛之性。牛之性猶人之性也。犬牛之性。寒則暴于日。飢則覓其食。無知無欲也。然莊子亦知犬牛亦知親其親。愛其類乎。孩提之童。無不知愛其親。及其長也。無不知敬其兄。是仁義之性。非由外鑠我也。我固有之也。孟子言之詳矣。莊子徒見其顯而不見其隱者也。庶民去之。君子存之。此仁義之性。一若爲鈎繩規矩也。故以仁義喻鈎繩規矩。是不探其本而不知其類也。

第二節　善惡論

一　性善

帝典曰。允執厥中。湯誥曰。惟皇上帝。降衷于下民。太甲曰。予小子不明于德。自底不類。烝民之詩曰。民之秉彝。好是懿德。孔子曰。仁者見之謂之仁。智者見之謂之智。中庸云。自誠明謂之性。孟子謂仁義禮智。爲人之性。是中也。德也。誠也。仁義禮智也。皆所謂性也。善也。是性無有不善。自堯舜以迄孟子。似已視爲一種定論。其有不善。非性之罪也。不能惟精惟一以執之也。無恆以綏之也。欲敗度縱敗禮也。故夫不善皆人爲也。然至孟子時。言性者衆。善惡之辯亦紛起。或曰性無善無不善。或曰性可以爲善可以爲不善。或曰有性善有性不善。至荀子竟稱性惡。性果無善無不善與。果可以爲善可以爲不善與。果有善有不善與。性果惡與。請分別說明之。

告子曰。性猶湍水也。決諸東方則東流。決諸西方則西流。人性之無分于善不善也。猶水之無分于東西也。孟子曰。水信無分于東西。無分于上下乎。人性之善也。猶水之就下也。人無有不善。水無有不下。今夫水。搏而躍之。可使過顙。激而行之。可使在山。是豈水之性哉。其勢則然也。人之可使爲不善。其性亦猶是也。

雖然。此猶以水喻性也。請更具體以明之。

公都子曰。告子曰。性無善無不善也。或曰性可以爲善。可以爲不善。是故文王興而民好善。幽厲興而民好暴。或曰。有性善者有性不善。是故以堯爲君而有象。以瞽瞍爲父而有舜。以紂爲兄之子。而有微子啓王子比干。今曰性善。然則彼皆非與。

公都子此問。最爲具體。性善之說。似將爲其動搖者。吾人且觀孟子之答復如何。

孟子曰。乃若其情。則可以爲善矣。乃所謂善也。若夫爲不善。非才之罪也。惻隱之心。人皆有之。羞惡之心。人皆有之。恭敬之心。人皆有之。是非之心。人皆有之。惻隱之心仁也。羞惡之心義也。恭敬之心禮也。是非之心智也。仁義禮智。非由外鑠我也。我固有之也。弗思耳矣。故曰求則得之。舍則失之。或相倍蓰而無算者。不能盡其才者也。何以言之。

孟子曰。富歲子弟多賴。凶歲子弟多暴。非天之降才爾殊也。其所以陷溺其心者然也。今夫麰麥。播種而耰之。其地同。樹之時又同。浡然而生。至于日至之時皆熟矣。雖有不同。則地有肥磽。雨露之養。人事之不齊也。故凡同類者。舉相似也。何獨至于人而疑之。聖人與我同類者。故龍子曰。不知足而爲屨。我知其不爲蕢也。屨之相似。天下之足同也。口之于味也。有同耆焉。易牙先得口之所同耆者也。使口之于味也。其性與人殊。若犬馬之不與我同類也。則天下何耆。皆從易牙之于味也。至于味。天下期于易牙。是天下之口相似也。惟耳亦然。至于聲。天下期于師曠。是天下之耳相似也。惟目亦然。至于子都。天下無不知其姣也。不知子都之姣者。無目者也。故曰。口之于味也。有同耆焉。耳之于聲也。有同聽焉。目之于色也。有同美焉。至于心。獨無所同然乎。心之所同然者何也。謂禮也。義也。聖人先得我心之所同然耳。故禮義之悅我心。猶芻豢之悅我口。

孟子以爲人同此心。心同此理。仁義禮智之性。人所固有。其所以爲不善者。由于陷溺。故更就此義發揮之。

孟子曰。牛山之木嘗美矣。以其郊于大國也。斧斤而伐之。可以爲美乎。是其日夜之所息。雨露之所潤。非無萌蘗之生焉。牛羊又從而牧之。是以若彼濯濯也。人見其濯濯也。以爲未嘗有材焉者。是豈山之性也哉。雖存乎人者。豈無仁義之心哉。其所以放其良心者。亦猶斧斤之于木也。旦旦而伐之。可以爲美乎。是其日夜之所息。平旦之氣。其好惡與人相近也者幾希。則其旦晝之所爲。有梏亡之矣。梏之反覆。則其夜氣不足以存。夜氣不足以存。則其違禽獸不遠矣。人見其禽獸也。以爲未嘗有材焉者。是豈人之情也哉。故苟得其養。無物不長。苟失其養。無物不消。孔子曰。操則存。舍則亡。出入無時。莫知其鄉。其心之謂與。

孟子于陷溺之義。在此段可謂已發揮盡致。雖然。猶爲譬喻也。今更舉例以明之。

孟子謂戴不勝曰。子欲子之王之善與。我明告子。有楚大夫于此。欲其子之齊語也。則使齊人傅諸。使楚人傅諸。曰使齊人傅之。曰。一齊人傅之。衆楚人咻之。雖日撻而求其齊也。不可得矣。引而置之莊嶽之間數年。雖日撻而求其楚。亦不可得矣。子謂薛居州善士也。使之居于王所。在王所者。長幼尊卑皆薛居州也。王誰與爲不善。在王所者。長幼尊卑皆非薛居州也。王誰與爲善。一薛居州。獨如宋王何。

非獨環境可使人爲不善也。職業亦有之。

孟子曰。矢人豈不仁于函人哉。矢人惟恐不傷人。函人惟恐傷人。巫匠亦然。故術不可不慎也。

孔子曰。里仁爲美。擇不處仁。焉得智。夫仁天之尊爵也。人之安宅也。莫之禦而不仁。是不智也。不仁不智。無禮無義。人役也。人役而恥爲役。由弓人而恥爲弓。矢人而恥爲矢也。如恥之。莫如爲仁。仁者如射。射者正己而後發。發而不中。不怨勝己者。反求諸己而已矣。故孟子曰。人皆有所不忍。達之于其所忍。仁也。人皆有所不爲。達之于其所爲。義也。人能充無欲害人之心。而仁不可勝用也。人能充無穿窬之心。而義不可勝用也。人能充無受爾汝之實。無所往而不爲義也。

仁義之心。人皆有之。其所以爲不善者。非性不善。非性可以爲不善也。非有性善有性不善也。其所以陷溺其心者然也。若以陷溺之心爲性。則誤矣。此孟子所以堅決主張性善之說也。

二　性惡

荀子何爲而言性惡。荀子曰。人之性惡。其善者僞也。今人之性。生而有好利焉。順是故爭奪生而辭讓亡焉。生而有疾惡焉。順是故殘賊生而忠信亡焉。生而有耳目之欲。有好聲色焉。順是故淫亂生而仁義文理亡焉。然則從人之性。順人之情。必出于爭奪。合于犯分亂理。而歸于暴。故必將有師法之化。禮義之道。然後出于辭讓。合于文理。而歸于治。用此觀之。然則人之性惡明矣。其善者僞也。

荀子何以知人之性生而有好利。又何以知好利卽爲人之性。更何以知人之性。爲疾惡爲好聲色也。

荀子曰。凡性者天之就也。不可學。不可事。禮義者。聖人之所生也。人之所學而能。所事而成者也。不可學。不可事。而在人者謂之性。可學而能。可事而成之在人者。謂之僞。是性僞之分也。今人之性。目可以見。耳可以聽。夫可以見之明不離目。可以聽之聰不離耳。目明而耳聰。不可學明矣。孟子曰。今人之性善。將皆喪失其性故也。曰若是則過矣。今人之性。生而離其朴。離其資。必失而喪之。用此觀之。則人之性惡明矣。所謂性善者。不離其朴。而美者不離其資而利之也。夫使資朴之于美。心意之于善。若夫可以見之明不離目。可以聽之聰不離耳。故曰目明而耳聰也。

目明而耳聰。固不可學。不可事。而在人者。固人之性也。目明而耳聰。固不得謂爲惡也。孟子未嘗謂耳目聰明謂人之惡也。荀子何爲以耳目聰明而遂謂人性爲惡也。

荀子曰。今人之性。飢而欲飽。寒而欲煖。勞而欲休。此人之情也。今人飢。見長而不敢先食者。將有所讓也。勞而不敢息者。將有所代也。夫子之讓乎父。弟之讓乎兄。子之代乎父。弟之代乎兄。此二行者。皆反于性。而悖于情也。然而孝子之道。禮義之文也。故順情性則不辭讓矣。辭讓則悖于情性矣。用此觀之。然則人之性惡明矣。其善者僞也。

此荀子所以謂性惡也。飢欲飽。寒欲煖。勞頓欲休息。此人之情也。固也。然吾人必可謂此爲性惡乎。若以飢寒而奪父兄之衣食。父兄勞頓而不思有以分之。而遂謂之性惡。然苟無他故。吾人幾見有子弟飢寒。而父兄不與之衣食者。又幾見有父兄飢寒。而子弟不與之衣食者。幾見有子弟勞頓。而父兄獨休息者。又幾見有父兄勞頓。而子弟獨休息者。恐百不得一焉。千不得一矣。指此百不得一。千不得一之事。而倡言曰。此人之性也可乎。夫雞雛見食。猶知呼其羣。犬牛有犢。猶知愛其類。此可謂爲惡乎。此豈學而後能。事而後可之僞乎。此非天性乎。孩提之童。無不知愛其親。見人毆鬥。無不知駭而啼。然則荀子謂人之性。生而有疾惡。果何所見而言也。好利不得謂之惡。所謂惡者。爲其淫亂也。然苟無他故。吾人幾見有爲食而紾兄之臂者。苟無他故。吾人幾見有爲得妻而踰東家牆而摟其處子者。苟無惡劣環境以導誘之。恐百不得一焉。千不得一焉。指惡劣環境所造成之行爲。而倡言曰。此人之性也可乎。惡劣環境。非性惡也。多數人不明于德。欲敗度。縱敗禮。日積月累。習與性成之集合體也。指此背離天性之集合體而謂爲性可乎。

荀子見好利而爭奪。而不見好利而辭讓乃人之性也。荀子見疾惡而殘賊。而不見親親而忠信乃人之性也。荀子見好聲色而淫亂。而不見仁義文理乃人之性也。孟子曰。詖辭知其所蔽。淫辭知其所陷。邪辭知其所離。遁辭知其所窮。荀子之心。蓋有所蔽有所離焉。告子曰。食色性也。然猶曰仁內也。非外也。然孟子猶闢之。以其不知義而外之也。今荀子以食色之故。遂幷仁而外之以爲僞。而倡言曰。人之性惡。吾不知今人乍見孺子。將入于井。遂有惻隱之心耶。亦將趨而納諸井中耶。然則人之性果善耶。果惡耶。

荀子曰。問者曰。人之性惡。則禮義惡生。應之曰。凡禮義者。生于聖人之僞。非故生于人之性也。故陶人埏埴而爲器。然則器生于工人之僞。非故生于人之性也。故工人斲木而成器。然則器生于工人之僞。非故生于人之性也。聖人積思慮習僞。故以生禮義而起法度。然則禮義法度者。是生于聖人之僞。非故生于人之性也。何以知禮義法度生于聖人之僞。非故生于人之性也。

荀子曰。若夫目好色。耳好聲。口好味。心好利。骨體膚理好愉佚。是皆生于人之情性者也。感而自然。不待事而後生之者也。夫感而不能然。必且待事而後然者。謂之生于僞。是性僞之所生。其不同之徵也。故聖人化性而起僞。僞起于性。而生禮義。禮義生而制法度。然則禮義法度者。是聖人之所生也。

聖人何爲而生禮義法度也。荀子曰。夫好利而欲得者。此人之情性也。假之人有弟兄資財而分者。且順情性好利而欲得。若是則弟兄相拂奪矣。且化禮義之文理。若是則讓乎國人矣。故順情性則兄弟爭矣。化禮義則讓乎國人矣。……故古者聖人以人之性惡。以爲偏險而不正。悖亂而不治。故爲之立君上之勢以臨之。明禮義以化之。起法正以治之。重刑罰以禁之。使天下皆出于治合于善也。是聖王之治而禮義之化也，今試當去君上之勢。無禮義之化。去法正之治。無刑罰之禁。倚而觀之。天下民人之相與也。若是則夫強者害弱而奪之。衆者暴寡而譁之。天下之悖亂而相亡。不待頃矣。用此觀之。然則人之性惡明矣。其善者僞也。

是禮義法度非故生于人之性。而生于聖人之僞。聖人以人之性惡。苟無禮義法度。則天下將爭奪悖亂也。是荀子之言也。夫去君上之勢。無禮義之化。去法正之治。無刑罰之禁。天下之民。將爭奪悖亂。相亡而不待頃誠是也。然爭奪悖亂。豈眞人之性耶。禮義法度。豈眞生于聖人之僞耶。且天下何爲而有爭奪悖亂也。曰爲好利也。爲耳目口體之欲也。告子所謂食色性也。人生而有耳目口體之用。有食色好利之欲。人亦生而有父子兄弟之倫。有親親慈幼之愛。食色好利之欲。非惡也。親親慈幼之愛。非僞也。去此親親慈幼之愛。而縱其食色好利之欲。而天下始爭奪悖亂也。然則爭奪悖亂。非人之性也明矣。聖人因人親親慈幼之愛。擴而充之。因勢而利導之。使之老吾老。以及人之老。幼吾幼。以及人之幼。親親而仁民。仁民而愛物。因是而有禮義法度之制。而天下治。是禮義法度。故生于人之性。而非生于聖人之僞也亦明矣。而荀子猶然謂人之性惡何也。

荀子曰。凡人之性者。堯舜與桀跖其性一也。君子之與小人。其性一也。今將以禮義積僞爲人之性耶。然則有曷貴堯禹曷貴君子矣哉。凡所貴堯禹君子者。能化性能起僞。僞起而生禮義。然則聖人之于禮義積僞也。亦陶埏而生之也。用此觀之。然則禮義積僞者。豈人之性也哉。所賤于桀跖小人者。從其性順其情安恣睢以出乎貪利爭奪。故人之性惡明矣。其善者僞也。堯舜之與桀跖。其性一也。君子之與小人。其性一也。斯言誠是也。孟子曰。聖人與我同類者。其性本無二致也。然則有曷貴于堯禹君子者。孟子曰。人之所以異于禽獸者幾希。庶民去之。君子存之。舜明于庶物。察于人倫。由仁義行。非行仁義也。所貴于堯禹君子者。以其能存其天性。而由仁義行也。孟子曰。體有貴賤。有小大。無以小害大。無以賤害貴。養其小者爲小人。養其大者爲大人。桀跖小人之所以賤于人者。以其放其良心。縱其耳目口體之欲。養小以失大也。以是知人之性善也。人之可以爲不善者。以耳目之官不思。而蔽于物。而陷溺其心也。明于此。而後可以言存養。

第三節　性之存養

一　天爵

公都子曰。鈞是人也。或爲大人或爲小人何也。孟子曰。從其大體爲大人。從其小體爲小人。曰鈞是人也。或從其大體或從其小體何也。曰耳目之官不思。而蔽于物。物交物則引之而已矣。心之官則思。思則得之。不思則不得也。此天之所與我者。先立乎其大者。則其小者不能奪也。此爲大人而已矣。大人者。能先立乎其大者也。何爲大。天所與我之心也。故孟子曰。大人者。不失其赤子之心者也。赤子之心何也。孟子曰。孩提之童。無不知愛其親也。及其長也。無不知敬其兄也。親親仁也。敬長義也。無他。達之天下也。此爲大人而已矣。仁義之心。我固有之也。有是心而不知養何哉。

孟子曰。人之于身也。兼所愛。兼所愛。則兼所養也。無尺寸之膚不愛焉。則無尺寸之膚不養也。所以考其善不善者。豈有他哉。于己取之而已。體有貴賤。有小大。無以小害大。無以賤害貴。養其小者爲小人。養其大者爲大人。今有場師。舍其梧檟。養其樲棘。則爲賤場師焉。養其一指。而失其肩背。而不知也。則爲狼疾人也。飲食之人。則人賤之矣。以其養小以失大也。飲食之人。無有失也。則口腹豈適爲尺寸之膚哉。

口腹耳目。體之小者也。天所與我之心。體之大者也。何以知其然也。大學曰。身有所忿懥。則不得其正。有所恐懼。則不得其正。有所好樂。則不得其正。有所憂患。則不得其正。心不在焉。視而不見。聽而不聞。食而不知其味。故養耳目口腹之欲。而放其心者。反使耳目口腹不能得其正。是不知體之大小者也。此人之所以賤之也。

故孟子曰。仁人心也。義人路也。舍其路而弗由。放其心而不知求。哀哉。人有雞犬放。則知求之。有心放而不知求。學問之道無他。求其放心而已矣。有心放而不知求。謂之自暴。孟子曰。自暴者不可與有言也。自棄者不可與有爲也。言非禮義。謂之自暴也。吾身不能居仁由義。謂之自棄也。仁人之安宅也。義人之正路也。曠安宅而弗居。舍正路而不由。哀哉。且人何爲而放其心。而不求。曠安宅而弗居也。孔子曰。仁遠乎哉。我欲仁。斯仁至矣。以其不學而能。不事而可也。孟子曰。求則得之。舍則失之。是求有益于得也。求在我者也。求之有道。得之有命。是求無益于得也。求在外者也。在近而求諸遠。在易而求諸難。此孟子所以哀之也。且人之所以求在外者何也。爲耳目口腹之欲也。爲耳目口腹之欲。而求富貴利達也。孟子曰。有天爵者。有人爵者。仁義忠信。樂善不倦。此天爵也。公卿大夫。此人爵也。古之人。修其天爵。而人爵從之。今之人。修其天爵。以要人爵。旣得人爵。而棄其天爵。則惑之甚者也。終亦必亡而已矣。何以謂之惑也。孟子曰。欲貴者。人之同心也。人人有貴于己者。弗思耳。人之所貴者。非良貴也。趙孟之所貴。趙孟能賤之。而必舍己之天爵。而求之。此其所以爲惑之甚者也。故孟子曰。仁天之尊爵也。人之安宅也。莫之禦而不仁。是不智也。不仁不智。無禮無義。人役也。人役也者。爲其養小而害大也。此人之所以賤之也。如恥之。莫若由仁。故孔子曰。志士仁人。無求生以害仁。有殺身以成仁。以其恥爲人役也。何爲其恥之。若是之甚也。

孟子曰。魚我所欲也。熊掌亦我所欲也。二者不可得兼。舍魚而取熊掌者也。生亦我所欲也。義亦我所欲也。二者不可得兼。舍生而取義者也。生亦我所欲。所欲有甚于生者。故不爲苟得也。死亦我所惡。所惡有甚于死者。故患有所不避也。如使人之所欲。莫甚于生。則凡可以得生者。何不用也。使人之所惡。莫甚于死。則凡可以避患者。何不爲也。由是則生而有不用也。由是則可以避患而有不爲也。是故所欲有甚于生者。所惡有甚于死者。非獨賢者有是心也。人皆有之。賢者能勿喪耳。一簞食。一豆羹。一得之則生。弗得則死。嘑爾而與之。行道之人弗受。蹴爾而與之。乞人不屑也。何爲其然也。以其爲耳目口腹之欲。而使吾心不得其安宅也。此志士仁人所以殺身以成仁。舍生而取義也。彼汲汲于富貴利達者何哉。孟子曰。萬鍾則不辨禮義而受之。萬鍾于我何加焉。爲宮室之美。妻妾之奉。所識窮乏者得我與。鄉爲身死而不受。今爲宮室之美爲之。鄉爲身死而不受。今爲妻妾之奉爲之。鄉爲身死而不受。今爲所識窮乏者得我而爲之。是亦不可以已乎。此之謂失其本心。人而失其本心。則不仁不知無禮無義。爲人役而不恥。無所不至矣。今請舉例以明之。

孟子曰。齊人有一妻一妾而處室者。其良人出。則必饜酒肉而後反。其妻問所與飲食者。盡富貴也。其妻告其妾曰。良人出。則必饜酒肉而後反。問所與飲食者。盡富貴也。而未嘗有顯者來。吾將瞷良人之所之也。早起。施從良人之所之。徧國中無與立談者。卒之東郭墦間之祭者。乞其餘不足。又顧而之他。此其所以爲饜足之道也。其妻歸。告其妾曰。良人者。所仰望而終身也。今若此。與其妾訕其良人。而相泣于中庭。而良人未之知也。施施從外來。驕其妻妾。由君子觀之。則人之所以求富貴利達者。其妻妾不羞也。而不相泣者。幾希矣。此孟子所以見放心而哀之。而諄諄然以養性爲急務也。

二　寡欲

養性之道若何。曰寡欲。曰存誠。曰集義。今請分別闡明之。

孟子曰。養心莫善于寡欲。其爲人也寡欲。雖有不存焉者寡矣。其爲人也多欲。雖有存焉者寡矣。何由而可以寡欲也。孟子曰。無爲其所不爲。無欲其所不欲。如此而已矣。所謂無爲其所不爲者何也。孟子曰。非仁無爲也。非禮無行也。又曰。非禮之禮。非義之義。大人弗爲。君子以仁存心。以禮存心而已。豈有他哉。仁也。禮也。皆天之所與我者。由仁義行而已。不求其在外也。故中庸曰。君子素其位而行。不願乎其外。素富貴。行乎富貴。素貧賤。行乎貧賤。素夷狄。行乎夷狄。素患難。行乎患難。君子無欲而不自得也。在上位。不陵下。在下位。不援上。正己而不求于人。則無怨。上不怨天。下不尤人。故君子居易以俟命。小人行險以徼幸。孔子曰。飯疏食飲水。曲肱而枕之。樂亦在其中矣。不義而富且貴。于我如浮雲。又曰。富而可求也。雖執鞭之士。吾亦爲之。如不可求。從吾所好。居易以俟命。求其在我而已。

所以然者何也。孔子曰。不仁者。不可以久處約。不可以長處樂。仁者安仁。知者利仁。安而利之。所謂素位而行也。孟子所謂由仁義行。而非行仁義也。寡欲之至。非獨富貴利達。耳目口腹之養。不足以動之也。生死亦不足以移之。孟子曰。盡其心者。知其性也。知其性。則知天矣。存其心。養其性。所以事天也。殀壽不貳。修身以俟之。所以立命也。又曰。莫非命也。順受其正。知命者。不立乎巖牆之下。得其道而死者。正命也。桎梏死者。非正命也。存心養性。修身以俟之。所謂順受其正也。縱耳目口腹之欲。而求富貴利達。以致桎梏死者。此惑之甚者也。奚足以當大事。故孟子曰。養生者。不足以當大事。惟送死可以當大事。又曰。天下有道。以道殉身。天下無道。以身殉道。無爲其所不爲。無欲其所不欲。無然畔援。無然歆羨。則誕先登于岸矣。故曰養心。莫善於寡欲也。

三　存誠

寡欲則可以存誠矣。孔子曰。富與貴是人之所欲也。不以其道得之。不處也。貧與賤。是人之所惡也。不以其道得之。不去也。君子去仁。惡乎成名。君子無終食之間違仁。造次必于是。顛沛必于是。所以然者何也。中庸曰。道也者。不可須臾離也。可離非道也。去仁離道。則爲人欲矣。去人欲則成仁矣。故孟子曰。雖存乎人者。豈無仁義之心哉。其所以放其良心者。亦猶斧斤之于木也。旦旦而伐之。可以爲美乎。是其日夜之所息。平旦之氣。其好惡與人相近也者幾希。則其旦晝之所爲。有梏亡之矣。梏之反覆。則其夜氣不足以存。夜氣不足以存。則其違禽獸不遠矣。人見其禽獸也。以爲未嘗有材焉者。是豈人之情也哉。故苟得其養。無物不長。苟失其養。無物不消。孔子曰。操則存。舍則亡。出入無時。莫知其鄉。其心之謂與。所謂平旦之氣者何也。小旻之詩曰。宛彼鳴鳩。翰飛戾天。我心憂傷。念昔先人。明發不寐。有懷二人。此平旦之氣也。親親之愛也。仁也。天命之性也。無絲毫自欺之念。人欲之蔽。

所謂道心也。帝典曰。人心惟危。道心惟微。一念之差。卽爲人欲。此所以須臾不可離也。此所以造次必于是。顚沛必于是。此性之所以貴乎存養也。何以言乎存誠也。中庸曰。戒愼乎其所不覩。恐懼乎其所不聞。莫見乎隱。莫顯乎微。曾子曰、十目所視。十手所指。其嚴乎。皆言愼獨也。愼獨者。謹于念慮之初萌也。帝典所謂惟精惟一。允執厥中者也。孔子曰。克己復禮爲仁。請問其目。曰非禮勿視。非禮勿聽。非禮勿言。非禮勿動。視聽言動。一循于理。所以愼于外以存其內者也。仲虺之誥。所謂以義制事。以禮制心也。戒愼恐懼于念慮之萌。視聽言動。一循于理之正。則內外交相養也。內外交相養。則心不放。心不放則知其性矣。此易傳所謂閑邪存其誠也。故復之彖曰。復其見天地之心乎。初九曰。不遠復。无祇悔。其象曰。不遠之復。以修身也。孔子贊之曰。顏氏之子。其庶幾乎。有不善。未嘗不知。知之未嘗復行也。此愼獨之功。存誠之道也。故中庸曰。誠者。天之道也。誠之者。人之道也。又曰。誠之者擇善而固執之者也。擇善而固執之。是閑邪以存其誠也。

荀子曰。君子養心莫善于誠。致誠則無他事矣。唯仁之爲守。唯義之爲行。誠心守仁則形。形則神。神則能化矣。誠心行義則理。理則明。明則能變矣。又曰公生明。偏生闇。端愨生通。詐僞生塞。誠信生神。夸誕生惑。此六生者。君子愼之。此中庸之說也。中庸曰。唯天下至誠。爲能盡其性。又曰。誠則形。形則著。著則明。明則動。動則變。變則化。唯天下至誠。爲能化。又曰。至誠如神。誠者毋自欺也。不自欺則是非善惡。毫無所蔽。毫無假借。安得不明。知風之自。知微之顯。安得不神。是故率性之謂道。自誠明謂之性。不自欺之謂誠。故誠則明心見性矣。養心莫善于誠。誠信生神。荀子之言誠是也。荀子旣知誠則無他事矣。然則又何爲謂人之性惡。其善者僞也。其性惡之說。無乃矯情以立異乎。

中庸曰。唯天下至誠。爲能盡其性。其次則莫知致曲。曲能有誠。所謂致曲者。何也。大學曰。欲誠其意者。先致其知。致知在格物。物格而后知至。知至而后意誠。致知乃所以致曲也。知至則心無所蔽。故曰曲能有誠。誠則大本立矣。故存心養性。又在致知格物也。如何而可以格物致知也。中庸曰。君子尊德性而道問學。致廣大而盡精微。極高明而道中庸。温故而知新。敦厚以崇禮。是致知之一端也。又曰。博學之。審問之。愼思之。明辨之。篤行之。有弗學。學之弗能弗措也。有弗問。問之弗知弗措也。有弗思。思之弗得弗措也。有弗行。行之弗篤弗措也。人一能之己百之。人十能之己千之。果能此道矣。雖愚必明。雖柔必強。是天之生材。雖因人事之養而有不齊。然或生而知之。或學而知之。或困而知之。及其知之一也。或安而行之。或利而行之。或勉強而行之。及其成功一也。皆可以格物致知以存心養性也。存心養性。則素位而行。無入而不自得。故孟子曰。君子深造之以道。欲其自得之也。自得之。則居之安。居之安。則資之深。資之深。則取之左右逢其源。故君子欲其自得之也。自得之者。存養之功深也。存養之功深。則心無所動矣。

四　集義

孟子之論不動心也。曰持其志。無暴其氣。夫志心之所至也。持其志。無暴其氣。所以存心養性也。夫性亦在養之而已。故孟子論浩然之氣也。曰其爲氣也。至大至剛。以直養而無害。則塞于天地之間。其爲氣也。配義與道。無是餒也。是集義所生者。非義襲而取之也。行有不慊于心則餒矣。餒則不能自得矣。以其非集義所生。而未嘗以直養也。然則如何而集義也。孟子曰。必有事焉而勿正。心勿忘。勿助長也。無若宋人然。宋人有閔其苗之不長而揠之者。芒芒然歸。謂其人曰。今日病矣。予助苗長矣。其子趨而往視之。苗則槁矣。天下之不助苗長者。寡矣。以爲無益而舍之者。不耘苗者也。助之長者。揠苗者也。非徒無益。而又害之。故孟子曰。天下之言性也。則故而已矣。故者以利爲本。所惡于知者。爲其鑿也。如智者如禹之行水也。則無惡于治也。禹之行水也。行其所無事也。如知者亦行其所無事。則知亦大矣。行其所無事。則不助長。亦不以爲無益而舍之矣。以其非義襲而取之也。是集義所生者也。以直養而無害者也。以直養而無害。則有自得之樂矣。是學問之道也。故曰養氣莫善于集義也。夫寡欲以閑邪。存誠以養性。集義以養氣。性之存養備矣。

五　齊物論

莊子之言性也。以仁義爲性外之物。以吾人觀之。固格于理而窮于勢矣。然莊子固超乎物之外者也。故其言寡欲也。亦極精闢。請舉數段以明之。

齊物論曰。大知閑閑。小知閒閒。大言炎炎。小言詹詹。如求得其情。與不得無益。損乎其眞。一受其成形。不亡以待盡。與物相及相靡。其心盡如馳。而莫之能止。不亦悲乎。終身役役。而不見其成功。薾然疲役。而不知其所歸。可不哀邪。人謂之不死奚益。故大宗師曰。其耆欲深者。其天機淺。以其終身役役。而不見其成功也。故曰。大塊載我以形。勞我以生。佚我以老。息我以死。故善吾生者。乃所以善吾死也。然則如之何而可。曰古之眞人。不知說生。不知惡死。其出不訢。其入不距。翛然而往。翛然而來而已矣。不忘其所始。不求其所終。受而喜之。忘而復之。是之謂不以心捐道。不以人助天。是之謂眞人。所以不說生不惡死者何也。齊物論曰。予惡知乎說生之非惑也。予惡知乎惡死之非弱喪而不知歸者邪。麗之姬。艾封人之子也。晉國之始得之也。涕泣沾襟。及其至于王所。與王同筐牀食芻豢。而後悔其泣也。予惡知夫死者不悔其始之蘄生乎。夢飲酒者。旦而哭泣。夢哭泣者。旦而田獵。方其夢也。不知其夢也。夢之中又占其夢焉。覺而後知其夢也。且有大覺。而後知此其大夢也。而愚者自以爲覺。竊竊然知之。君乎牧乎固哉。生死一夢也。故子桑之死也。曰。彼方且與造物者爲人。而遊乎天地之一氣。彼以生爲附贅縣疣。以死爲決疣潰癰。夫若然者。又惡知死生先後之所在。故老聃之死也。秦失曰。適來夫子時也。適去夫子順也。安時而處順。哀樂不能入也。古者謂是帝之縣解。

何以知人之生時也。其死順也。生死一夢也。生爲附贅縣疣而死爲決贅潰癰也。至樂篇曰。莊子妻死。惠子弔之。莊子則方箕踞。鼓盆而歌。惠子曰。與人居。長子老。身死不哭亦足矣。

又鼓盆而歌。不亦甚乎。莊子曰。不然。是其始死也。我獨何能無槩然。察其始而本無生。非徒無生也。而本無形。非徒無形也。而本無氣。雜乎芒芴之間。變而有氣。氣變而有形。形變而有生。今又變而之死。是相與爲春夏秋冬四時行也。人且偃然寢于巨室。而我噭噭然隨而哭之。自以爲不通乎命、故止也。

唯死生之爲春夏秋冬四時行也。故知北遊曰。生也死之徒。死也生之始。孰知其紀。人之生。氣之聚也。聚則爲生。散則爲死。若死生爲徒。吾又何患。故萬物一也。是其所美者神奇。其所惡者臭腐。臭腐復化爲神奇。神奇復化爲臭腐。故曰通天下一氣耳。此生死之所以爲夢。生來之所以爲時死去之所以爲順。生之所以爲附贅縣疣。死之所以爲決贅潰癰也。然則生又何足說。死又何足惡乎。

生死既不足以係之。是非更何足亂之。故齊物論曰。既使我與若辯矣。若勝我。我不勝若。若果是也。我果非也邪。我勝若。若不我勝。我果是也。而果非也邪。其或是也。其或非也邪。其俱是也。其俱非也邪。我與若俱不能相知也。則人固受其黮闇。吾誰使正之。使同乎若者正之。既同乎若矣。惡能正之。使同乎我者正之。既同乎我矣。惡能正之。使異乎我與若者正之。既異乎我與若矣。惡能正之。使同乎我與若者正之。既同乎我與若矣。惡能正之。然則我與若與人。俱不能相知也。而待彼也邪。唯其如此也。故逍遙遊曰。舉世而譽之而不加勸。舉世而非之而不加阻。定乎內外之分。辯乎榮辱之竟。斯已矣。彼其于世。未數數然也。是是非毀譽榮辱利害。亦所謂塵垢秕糠者也。夫何足以存于心哉。故莊子謂許由之辭天下也。曰。
鷦鳥巢于深林。不過一枝。偃鼠飲河。不過滿腹。歸休乎君。予無所用天下爲。故秋水篇曰。
莊子釣于濮水。楚王使大夫二人往先焉。曰願以竟內累矣。莊子持竿不顧。曰。吾聞楚有神
龜。死已三千歲矣。王巾笥而藏之廟堂之上。此龜者。甯其死爲留骨而貴乎。甯其生而曳尾于
塗中乎。二大夫曰。甯生而曳尾于塗中。莊子曰往矣。吾將曳尾于塗中。
夫莊子者。眞所謂死生無變于己。利害不更其向。芒然彷徨乎塵垢之外。逍遙乎無爲之業者
也。清風高節。令人處千載下。讀其書猶心鄉往之。司馬遷傳莊子曰。楚威王聞莊周賢。而使
厚幣聘以爲相。莊子笑謂楚使者曰。千金重利。卿相尊位也。然子見夫犧牛乎。衣以文繡。食
以芻叔。及其牽入于太廟。雖欲爲孤犢。其可得乎。子亟去。無汚我。我甯游戲于汚瀆之中自
快。無爲有國者所羈。終身不仕。以快吾志焉。寡欲至此。其更有以加乎。
然而莊子所謂自得其得。自適其適者矣。其如天下何。若儒家之寡欲。則不然。所謂人有不爲
而後可以有爲者也。其寡欲固將以有爲也。不似老莊之寡欲。而以無爲終也。何以知其然也。
莊子秋水篇曰。孔子遊于匡。宋人圍之數匝。而絃歌不輟。子路入見曰。何夫子之娛也。孔子
曰。來。吾語女。我諱窮久矣。而不免命也。求通久矣。而不得時也。當堯舜而天下無窮人。
非知得也。當桀紂而天下無通人。非知失也。時勢固然。夫水行不避蛟龍者。漁父之勇也。陸
行不避兕虎者。獵夫之勇也。白刃交于前。視死如生者。烈士之勇也。知窮之有命。知通之有

時。臨大難而不懼者。聖人之勇也。由處矣。吾命有所制矣。論語曰。衛靈公問陳于孔子。孔子對曰。俎豆之事。則嘗聞之矣。軍旅之事。未之學也。明日遂行。在陳絕糧。從者病。莫能興。子路請見曰。君子亦有窮乎。子曰。君子固窮。小人窮斯濫矣。處窮困而不濫。臨大難而不懼。此儒家之寡欲也。其所以不懼。其所以固窮者何也。曰。君子去仁。惡乎成名。君子無終食之間違仁。造次必于是。顛沛必于是。故儒家之寡欲。將以有爲也。將以成其仁也。苟得其時。則將盡己之性。己欲立而立人。己欲達而達人也。故儒家之言性也。曰仁義。老莊之言性也。曰無爲。老莊以一己之自得自適。爲順性命之情。儒家以能以天下爲一家。中國爲一人。爲盡性之至。此其主張寡欲雖同。而所以言寡欲則異也。

六　虛。壹。靜

荀子之言養心也。曰虛壹而靜。其解蔽篇曰。心未嘗不臧也。然而有所謂虛。心未嘗不滿也。然而有所謂壹。心未嘗不動也。然而有所謂靜。人生而有知。知而有志。志也者臧也。然而有所謂虛。不以已所臧。害將受。謂之虛。心生而有知。知而有異。異也者。同時兼知之。同時兼知之兩也。然而有所謂壹。不以夫壹害此壹。謂之壹。心臥則夢。偷則自行。使之則謀。故心未嘗不動也。然而有所謂靜。不以夢劇亂知謂之靜。……虛壹而靜。謂之大清明。萬物莫形而不見。莫見而不論。莫論而失位。……故道經曰。人心之危。道心之微。危微之幾。惟明君子而後能知之。故人心譬如槃水。正錯而勿動。則湛濁在下。而清明在上。則足以見鬚眉而察理矣。微風過之。湛濁動乎下。清明亂于上。則不可以得大形之正也。心亦如是矣。故導之以理。養之以清。物莫之傾。則足以定是非。決嫌疑矣。小物引之。則其正外易。其心內傾。則不足以決庶理矣。故好書者衆矣。而蒼頡獨傳者壹也。好稼者衆矣。而后稷獨傳者壹也。好義者衆矣。而舜獨傳者壹也。虛壹而靜。則大清明。大清明則知道矣。故曰養心在專壹也。故勸學篇曰。百發失一。不足爲善射。千里蹞步不至。不足謂善御。倫類不通。仁義不一。不足謂善學。學也者。固學一之也。一出焉。一入焉。涂巷之人也。其善者少。不善者多。桀紂盜跖也。全之盡之。然後學者也。君子知夫不全不粹之不足以爲美也。故誦數以貫之。思索以通之。爲其人以處之。除其害者以持養之。使目非是無欲見也。使耳非是無欲聞也。使口非是無欲言也。使心非是無欲慮也。及至其致好之也。目好之五色。耳好之五聲。口好之五味。心利之有天下。是故名利不能傾也。羣衆不能移也。天下不能蕩也。生乎由是。死乎由是。夫是之謂德操。此孔子所謂非禮勿視。非禮勿聽。非禮勿言。非禮勿動。造次必于是。顚沛必于是也。其言虛壹而靜。則大學所謂知止而後有定。定而後能靜。靜而后能安。安而后能慮。慮而后能得。孟子所謂耳目之官不思。而蔽于物。物交物則引之而已矣。心之官則思。思則得之。不思則不得也。故荀子之言養性。乃孔孟之說也。惟孔孟言性善。故曰閑邪以存其誠。今荀子言性惡。其善者僞也。則無乃閑邪以存其僞邪。故荀子之學。無本之學也。以其不明于性之本體也。

第四節　盡性

一　反身而誠

孟子曰。廣土衆民。君子欲之。所樂不存焉。中天下而立。定四海之民。君子欲之。所性不存焉。君子所性。雖大行不加焉。雖窮居不損焉。分定故也。君子所性。仁義禮智根于心。其生色也。睟然見于面。盎于背。施于四體。四體不言而喻。夫大行不加。窮居不損者。存之有素故也。仁義禮知。[illegible]于心。是求在我者也。操之則存矣。故孟子曰。萬物皆備于我矣。反身而誠。樂莫大焉。強恕而行。求仁莫近焉。孟子又曰。君子有三樂。而王天下不與存焉。父母俱存。兄弟無故。一樂也。仰不愧于天。俯不怍于人。二樂也。得天下英才而教育之。三樂也。君子有三樂。而王天下不與存焉。反身而誠矣。仰何愧于天。俯何怍于人也。故曰樂莫大焉。以其存于我也。故大行不足以加之。窮居不足以損之也。

孟子曰。古之賢王。好善而忘勢。古之賢士。何獨不然。樂其道而忘人之勢。故王公不致敬盡禮。則不得亟見之。見且猶不得亟。而況得而臣之乎。唯其好善而忘勢也。故孟子曰。說大人則藐之。無視其巍巍然。堂高數仞。榱題數尺。我得志弗爲也。食前方丈。侍妾數百人。我得志弗爲也。般樂飲酒。驅騁田獵。後車千乘。我得志弗爲也。在彼者。皆我所不爲也。在我者。皆古之制也。吾何畏彼哉。何謂古之制也。曰修其天爵是也。存其仁義禮智之心是也。求在我者也。非人爵也。趙孟不得而賤之也。大行不足以加之。窮居不足以損之。中有所存。故無畏于彼也。是孟子所謂大丈夫也。

景春曰。公孫衍張儀豈不誠大丈夫哉。一怒而諸侯懼。安居而天下熄。孟子曰。是焉得爲大丈夫乎。子未學禮乎。丈夫之冠也。父命之。女子之嫁也。母命之。往送之門。戒之曰。往之女家。必敬必戒。無違夫子。以順爲正者。妾婦之道也。居天下之廣居。立天下之正位。行天下之大道。得志與民由之。不得志獨行其道。富貴不能淫。貧賤不能移。威武不能屈。此之謂大丈夫。

夫是之謂大行不加也。窮居不損也。以其居之安。資之深。取之左右逢其源。而有自得之樂也。故無所畔援。無所歆羡于外也。夫仁。天下之廣居也。義。天下之大道也。由仁義行。復何所慁于外哉。故孔子曰。仁者不憂。知者不惑。勇者不懼。有仁斯有勇矣。故孔子又曰。有德者必有言。有言者不必有德。仁者必有勇。勇者不必有仁。何以謂仁者必有勇也。司馬牛之問君子也。子曰。君子不憂不懼。曰不憂不懼。斯謂之君子已乎。子曰。內省不疚。夫何憂何懼。內省不疚。所謂反身而誠也。樂莫大焉。夫何憂何懼。故孔子曰。君子坦蕩蕩。小人常戚戚。又曰君子泰而不驕。小人驕而不泰。以其無所往而用其憂懼也。故孟子見大行之加于己也。曰不動心。其論不動心也。曰養勇。其論養勇也。則曰自反而縮。公孫丑之問是矣。

公孫丑問曰。夫子加齊之卿相。得行道焉。雖由此霸王。不易矣。如此則動心否乎。孟子曰否。我四十不動心。曰若是則夫子過孟賁遠矣。曰是不難。告子先我不動心。曰不動心有道乎。曰有。北宮黝之養勇也。曰不膚撓。不目逃。思以一毫挫于人。若撻之于市朝。不受于褐寬博。亦不受于萬乘之君。思刺萬乘之君。若刺褐夫。無嚴諸侯。惡聲至。必反之。孟施舍之所養勇也。曰視不勝。猶勝也。量敵而後進。慮勝而後會。舍豈能爲必勝哉。能無懼而已矣。孟施舍似曾子。北宮黝似子夏。夫二子之勇。未知其孰賢。然而孟施舍守約也。昔者。曾子謂子襄曰。子好勇乎。吾嘗聞大勇于夫子矣。自反而不縮。雖褐寬博。吾不惴焉。自反而縮。雖千萬人吾往矣。孟施舍之守氣。又不如曾子之守約也。

守約則內省不疚矣。是以直養而無害者也。是浩然之氣。充塞于天地之間者也。唐雎之犯秦王也是已。

秦王旣滅韓亡魏。使人謂安陵君曰。寡人欲以五百里之地易安陵。安陵君其許寡人。安陵君曰。大王加惠。以大易小甚善。雖然。受地于先王。願終守之。弗敢易。秦王不悅。安陵君因使唐雎使于秦。秦王謂唐雎曰。寡人以五百里之地易安陵。安陵君不聽寡人何也。且秦滅韓魏。而君以五十里之地存者。以君爲長者。故不錯意也。今吾以十倍之地。請廣于君。而君逆寡人者。輕寡人與。唐雎對曰。否。非若是也。安陵君受地于先王而守之。雖千里不敢易也。豈直五百里哉。秦王怫然怒。謂唐雎曰。公亦嘗聞天子之怒乎。唐雎對曰。吾未嘗聞也。秦王曰。天子之怒。伏尸百萬。流血千里。唐雎曰。大王亦嘗聞布衣之怒乎。秦王曰。布衣之怒。亦免冠徒跣。以頭搶地耳。唐雎曰。此庸夫之怒。非士之怒也。夫專諸之刺王僚也。彗星襲月。聶政之刺韓傀也。白虹貫日。要離之刺秦忌也。蒼鷹擊于殿上。此三子者。皆布衣之士也。懷怒未發。休祲降于天。與臣而將四矣。若士必怒。伏屍二人。流血五步。天下縞素。今日是也。挺劍而起。秦王色撓。長跪而謝曰。先生坐。何至于此。寡人喻矣。夫韓魏滅亡而安陵以五十里之地存者。徒以有先生也。

此刺萬乘之君。若刺褐夫者也。所以然者何也。浩然之氣。發于君父之命。則爲忠義。爲愛國。忠義愛國之心。勃然無容自已。更無須臾自欺之念。利害得失之計較。以陷之也。此所謂唯天下至誠。爲能盡其性也。斯眞天下之大勇也。故曰仁者必有勇。

能盡其性者。天下之至誠也。誠者不自欺者也。如惡惡臭。如好好色。是非善惡。無所隱蔽。故曰誠則明矣。明則無不知也。故孔子之論人也。曰視其所以。觀其所由。察其所安。人焉廋哉。人焉廋哉。孟子亦曰。存乎人者。莫良于眸子。眸子不能揜其惡。胸中正則眸子瞭焉。胸中不正則眸子眊焉。聽其言也。觀其眸子。人焉廋哉。其論知言也。曰詖辭知其所蔽。淫辭知其所陷。邪辭知其所離。遁辭知其所窮。何以知其然也。曰善惡是非之心。人皆有之。詩曰。他人有心。予忖度之。又曰伐柯伐柯。其則不遠。以己之心。度人之心。未嘗不同也。

故中庸曰。能盡其性。則能盡人之性。能盡人之性。則能盡物之性。能盡物之性。則可以贊天地之化育。故曰。唯天下至誠。爲能經綸天下之大經。立天下之大本。知天地之化育。此易傳所謂知周乎萬物而道濟天下故不過也。不能盡其性。其孰能致之。孔子之贊易曰。知幾其神乎。幾者動之微。吉之先見者也。君子見幾而作。不俟終日。君子知微知章。知柔知剛。萬夫之望。故曰神以知來。知以藏往。古之聰明睿知。神武而不殺者夫。非天下之至誠。其孰能致之。天下之知。孰有大于此者。

二　推恩

且誠者非自成己而已也。所以成物也。成己仁也。成物知也。性之德也。合外內之道也。故時措之宜也。時措之宜者。謂窮達也。孟子謂宋勾踐曰。子好遊乎。吾語子遊。人知之。亦囂囂。人不知。亦囂囂。曰。何如斯可以囂囂矣。曰尊德樂義。則可以囂囂矣。故士窮不失義。達不離道。窮不失義。故士得己焉。達不離道。故民不失望焉。古之人得志。澤加于民。不得志。修身見于世。窮則獨善其身。達則兼善天下。獨善其身。所以成己也。兼善天下。所以成物也。皆所以盡性也。禹稷顏子是也。

禹稷當平世。三過其門而不入。孔子賢之。顏子當亂世。居于陋巷。一簞食。一瓢飲。在陋巷。人不堪其憂。顏子不改其樂。孔子賢之。孟子曰。禹稷顏回同道。禹思天下有溺者。猶己溺之也。稷思天下有飢者。猶己飢之也。是以如是其急也。禹稷顏子。易地則皆然。所不同者。窮達之勢異耳。其以一身而遇窮達之境者。伊尹是也。孟子曰。伊尹耕于有莘之野。而樂堯舜之道焉。非其義也。非其道也。祿之以天下弗顧也。繫馬千駟弗視也。非其義也。非其道也。一介不以與人。一介不以取諸人。湯使人以幣聘之。囂囂然曰。我何以湯之聘幣爲哉。我豈若處畎畝之中。由是以樂堯舜之道哉。湯三使往聘之。旣而幡然改曰。與我處畎畝之中。由是以樂堯舜之道。吾豈若使是君。爲堯舜之君哉。吾豈若使是民。爲堯舜之民哉。吾豈若于吾身親見之哉。天之生此民也。使先知覺後知。使先覺覺後覺也。予天民之先覺者也。予將以斯道覺斯民也。非予覺之而誰也。思天下之民。匹夫匹婦。有不被堯舜之澤者。若己推而內之溝中。其自任以天下之重如此。故就湯而說之。以伐夏救民。此孔子所謂己欲立而立人。己欲達而達人。孟子所謂窮則獨善其身。達則兼善天下者也。是時措之宜也。

得其時而不思有以善天下。則不仁之甚者矣。以其無惻隱之心也。孟子曰。人皆有不忍人之心。先王有不忍人之心。斯有不忍人之政矣。以不忍人之心。行不忍人之政。治天下可運之掌上。所謂以不忍人之心。行不忍人之政者。是能盡其性。以盡人物之性也。能盡人物之性。則可以經綸天下之大經矣。故曰治天下可運之掌上也。何以知其然也。

孟子之對齊宣王曰。保民而王。莫之能禦也。曰若寡人者可以保民乎哉。曰可。曰何由知吾可也。曰。臣聞之胡齕曰。王坐于堂上。有牽牛而過堂下者。王見之。曰牛何之。對曰將以釁鐘。王曰舍之。吾不忍其觳觫。若無罪而就死地。對曰。然則廢釁鐘與。曰何可廢也。以羊易之。不識有諸。曰有之。曰是心足以王矣。百姓皆以王爲愛也。臣固知王之不忍也。……王說曰。詩云。他人有心。予忖度之。夫子之謂也。夫我乃行之。反而求之。不得吾心。夫子言之。于我心有戚戚焉。此心之所以合于王者何也。曰。有復於王者曰。吾力足以舉百鈞。而不足以舉一羽。明足以察秋毫之末。而不見輿薪。則王許之乎。曰否。今恩足以及禽獸。而功不至于百姓者。獨何與。然則一羽之不舉。爲不用力焉。輿薪之不見。爲不用明焉。百姓之不見保。爲不用恩焉。故王之不王。不爲也。非不能也曰。不爲者。與不能者之形何以異。曰。挾太山以超北海。語人曰我不能。是誠不能也。爲長者折枝。語人曰。我不能。是不爲也。非不能也。故王之不王。非挾太山以超北海之類也。王之不王。是折枝之類也。老吾老。以及人之老。幼吾幼。以及人之幼。天下可運于掌。詩云。刑于寡妻。至于兄弟。以御于家邦。言舉斯心。加諸彼而已。故推恩足以保四海。不推恩無以保妻子。古之人所以大過人者無他焉。善推其所爲而已矣。

推其所爲。則盡己之性以盡人物之性也。孟子之告齊宣王。可謂言之旣詳且徵矣。使天下之人。均能盡其性。天下之人。皆能己所不欲。勿施于人。皆能己欲立而立人。己欲達而達人。則大同之世可期。而天地好生之德。充塞兩間矣。孔子論大同也。曰

大道之行也。天下爲公。選賢與能。講信修睦。故人不獨親其親。子其子。使老有所終。壯有所用。幼有所長。矜寡孤獨廢疾者。皆有所養。男有分。女有歸。貨惡其棄于地也。不必藏于己。力惡其不出于身也。不必爲己。是故謀閉而不興。盜竊亂賊而不作。故外戶而不閉。是謂大同。故曰。大同之世者。人人皆能盡其性也。此孔子所以畢生之說。在于明仁。而孟子一

書。所以始終反覆于盡性也。

使天下之人。皆能盡其性。則必先盡己之性。盡己之性。則反身而誠。浩然之氣。充塞天地之間。舉凡富貴貧賤威武夷狄患難死生。均不足以動之矣。是天下之大勇也。盡己之性。則清明在躬。志氣如神。知往察來。極深研幾。不疾而速。不行而至。以通天下之志。而成天下之務矣。是天下之大知也。能盡其性。則能盡人之性。能盡人之性。則能盡物之性。能盡物之性。則可以贊天地之化育。可以贊天地之化育。則可以與天地參矣。是天下之大仁也。故曰。唯天下至聖。爲能聰明睿知。足以有臨也。寬裕溫柔。足以有容也。發強剛毅。足以有執也。齊莊中正。足以有敬也。文理密察。足以有別也。若是者何也。大知大仁大勇爲之也。知仁勇三者。天下之達德也。根于吾心者也。反身而誠而已矣。故曰。唯天下至誠爲能經綸天下之大經。立天下之大本。知天下之化育。夫焉有所倚。亦在明性養性盡性而已矣。

第二章　父子

吾人既已知人之性爲愛人矣。愛何自始。曰自親親始。何以言之。曰。人類自呱呱墮地之時。始見者非父母乎。撫育長成之者。非父母乎。故孟子曰。孩提之童。無不知愛其親也。親親仁也。因親親而敬長。孟子曰。及其長也。無不知敬其兄也。敬長義也。是二者。皆人之所不學而能。所不慮而知者。皆良知也。孟子曰。知之實。知斯二者。弗去是也。因親親敬長。而禮樂生焉。孟子曰。禮之實。節文斯二者是也。樂之實。樂斯二者。樂則生矣。生則惡可已也。惡可已則不知手之舞之。足之蹈之也。故孟子曰。父母俱存。兄弟無故。一樂也。人少則慕父母。知好色則慕少艾。有妻子則慕妻子。仕則慕君。與國人交。則有朋友。故其居家也。則曰夫妻好合。如鼓瑟琴。兄弟既翕。和樂且湛。宜爾室家。樂爾妻孥。其出仕也。則曰樂只君子。民之父母。樂只君子。民之攸塈。其交友也。則曰人之好我。示我周行。是仁義禮智之性。禮樂刑政之教。父子兄弟夫婦君臣朋友之德。皆根于人之心。發乎人之性者也。故臯陶謨曰。天敍有典。勑我五典五惇哉。天秩有禮。自我五禮五庸哉。故中國之倫理政治。皆以人性爲出發點。而其肇端。則自親親始也

第一節　父子之愛

孝經云。父子之道。天性也。何以言之。蓼莪之詩曰。

蓼蓼者莪。匪莪伊蒿。哀哀父母。生我劬勞。蓼蓼者莪。匪莪伊蔚。哀哀父母。生我勞瘁。缾之罄矣。維罍之恥。鮮民之生。不如死之久矣。無父何怙。無母何恃。出則銜恤。入則靡至。父兮生我。母兮鞠我。拊我畜我。長我育我。顧我復我。出入腹我。欲報之德。昊天罔極。南山烈烈。飄風發發。民莫不穀。我獨何害。南山律律。飄風弗弗。民莫不穀。我獨不卒。

父母育子之恩。如此之周且密。天下之愛。孰有如此之眞且切。而始終不渝者。故爲人子者。雖行役于外。亦能體念父母之意志。而父母顧我復我之思慮。亦不能忘于懷。故魏風之詩曰。

陟彼岵兮。瞻望父兮。父曰嗟予子行役。夙夜無已。上愼旃哉。猶來無止。陟彼屺兮。瞻望母兮。母曰嗟予季行役。夙夜無寐。上愼旃哉。猶來無棄。陟彼岡兮。瞻望兄兮。兄曰嗟予弟行役。夙夜必偕。上愼旃哉。猶來無死。

倘奔走于外。而不能養父母。使父母凍餒。則爲人子者。又將如何。唐風之詩曰。

肅肅苞羽。集于苞栩。王事靡盬。不能藝稷黍。父母何怙。悠悠蒼天。曷其有所。肅肅苞翼。集于苞棘。王事靡盬。不能藝黍稷。父母何食。悠悠蒼天。曷其有極。肅肅苞行。集于苞桑。王事靡盬。不能藝稻粱。父母何嘗。悠悠蒼天。曷其有常。

父母之愛子。如彼其深且切。子愛父母。亦如是之眞且摯。是皆天命之性。與生俱來。而不容泯滅者也。詩人之歌。皆所謂言爲心聲。動于中而發于外者也。父母愛子。無不望其爲善人。故子之愛父母。亦惟有以立身行道自勉。方可以慰父母之心。故小宛之詩曰。

宛彼鳴鳩。翰飛戾天。我心憂傷。念昔先人。明發不寐。有懷二人。……題彼脊令。載飛載鳴。我日斯邁。而月斯征。夙興夜寐。無忝爾所生。

子之愛父母。而因以自愛也如此。其因政散民流。而致父母失其所者。則爲人子者。亦惟有自怨自艾而已。故凱風之詩曰。

凱風自南。吹彼棘心。棘心夭夭。母氏劬勞。 凱風自南。吹彼棘薪。母氏聖善。我無令人。爰有寒泉。在浚之下。有子七人。母氏勞苦。 睍睆黃鳥。載好其音。有子七人。莫慰母心。

倘爲人子者。而不得父母之歡心。則其自怨自哀也更可知矣。小弁之詩曰。

弁彼鸒斯。歸飛提提。民莫不穀。我獨于罹。何辜于天。我罪伊何。心之憂矣。云如之何。 踧踧周道。鞫爲茂草。我心憂傷。惄焉如擣。假寐永歎。維憂用老。心之憂矣。疢如疾首。 維桑與梓。必恭敬止。靡瞻匪父。靡依匪母。不屬于毛。不離于裏。天之生我。我辰安在。……相彼投兔。尚或先之。行有死人。尚或墐之。君子秉心。維其忍之。心之憂矣。涕既隕之。

爲人子者。而不得父每之歡心。其自怨自艾也如此。故大禹謨曰。

帝初于歷山。往于田。日號泣于旻天。于父母負罪引慝。祗載見瞽瞍。夔夔齊慄。瞽亦允若。舜之愛親如此。蓋非一朝一夕之事。故能聲聞全國。故帝典曰。師錫帝曰。有鰥在下曰虞舜。帝曰。俞。予聞。如何。岳曰。瞽子父頑母嚚象傲。克諧以孝。烝烝乂。不格姦。以頑父嚚母傲弟。而能負罪引慝。此其所以克諧以孝也。何爲其負罪引慝也。萬章問曰。舜往于田。號泣于旻天。何爲其號泣也。孟子曰。怨慕也。萬章曰。父母愛之。喜而不忘。父母惡之。勞而不怨。然則舜怨乎。曰。長息問于公明高曰。舜往于田。則吾既得聞命矣。號泣于旻天。于父母。則吾不知也。公明高曰。是非爾所知也。夫公明高以孝子之心。爲不若是恝。我竭力耕田。供爲子職而已矣。父母之不我愛。于我何哉。帝使其子。九男二女。百官牛羊倉廩備。以事舜于畎畝之中。天下之士多就之者。帝將胥天下而遷之焉。爲不順于父母。如窮人無所歸。天下之士悅之。人之所欲也。而不足以解憂。好色人之所欲。妻帝之二女。而不足以解憂。富人之所欲。富有天下。而不足以解憂。貴人之所欲。貴爲天子。而不足以解憂。人悅之。好色。富貴。無足以解憂者。惟順于父母。則可以解憂。故孟子又曰。天下大悅而將歸己。視天下悅而歸己。猶草芥也。惟舜爲然。不得乎親。不可以爲仁。不順乎親。不可以爲子。舜盡事親之道。而瞽瞍底豫。瞽瞍底豫。而天下化。瞽瞍底豫。而天下之爲父子者定。此之謂大孝。此舜所以負罪引慝而克諧以孝也。

司馬遷曰。窮則反本。故勞苦倦極。未嘗不呼天也。疾痛慘怛。未嘗不呼父母也。人子而不得父母之心。窮莫甚焉。舜之所以曰號泣于旻天者。不失其赤子之心者也。是天性也。是愛之始也。

第二節　養生

一　愛敬

愛親之道何如乎。曰敬曰養。何以言之。

孝經曰。孝子之事親也。居則致其敬。養則致其樂。

論語曰。子游問孝。子曰。今之孝者。是爲能養。至于犬馬。皆能有養。不敬何以別乎。

坊記曰。子云。小人皆能養其親。君子不敬何以辨。

是皆言養親貴能致敬也。何以言乎敬也。曲禮曰。爲人子者。視于無聲。聽于無形。祭義曰。孝子之有深愛者。必有和氣。有和氣者。必有愉色。有愉色者。必有婉容。孝子如執玉。如奉盈。洞洞屬屬然。如弗勝。如將失之。嚴威儼恪。非所以事親也。成人之道也。故子夏問孝。子曰色難。以敬由內發。有深愛而後有婉容也。

所謂養者。亦非僅養其口體之謂也。曾子曰。孝子之養老也。樂其心不違其志。樂其耳目。安其寢處。以其飲食終養之。孝子之身終。終身也者。非終父母之身。終其身也。是故父母之所愛亦愛之。父母之所敬亦敬之。至于犬馬盡然。而况于人乎。（內則）是孝子之養親也。在養其志也。孟子曰。曾子養曾晳。必有酒肉。將徹。必請所與。問有餘。必曰有。曾晳死。曾元養曾子。必有酒肉。將徹。不請所與。問有餘。曰亡矣。將以復進也。此所謂養口體者也。若曾子則可謂養志也。事親若曾子者可也。故子夏問孝。子曰。有事弟子服其勞。有酒食。先生饌。曾是以爲孝乎。徒養口體。而無敬愛之心。猶之不孝也。

子路曰。傷哉貧也。生無以爲養。死無以爲禮也。孔子曰。啜菽飲水盡其歡。斯之爲孝。斂首足形。還葬而無椁。稱其財。斯之謂禮。（檀弓）是故孝子之養親也。固不必酒肉也。在能盡其歡而已矣。能盡其歡則愛也。

然則何如而可致其愛敬也。曲禮曰。凡爲人子者。冬溫而夏凊。昏定而晨省。在醜夷不爭。內則曰。子事父母。雞初鳴。咸盥漱。櫛縰笄總。……（婦事舅姑。如事父母。雞初鳴。咸盥漱。櫛縰笄總衣紳。）以適父母（舅姑）之所。及所。下氣怡聲。問衣燠寒疾痛苛癢。而敬抑搔之。……出入則或先或後。而敬扶持之。……問所欲而敬進之。柔色以溫之。饘酏酒醴芼羹菽麥蕡稻黍粱秫惟所欲。……父母（舅姑）必嘗之而後退。……父母（舅姑）將坐。奉席。請何鄉。將衽。長者奉席請何趾。少者執牀與坐。玉藻曰。父命呼。唯而不諾。手執業則投之。食在口則吐之。走而不趨。曲禮曰。見父之執。不謂之進不敢進。不謂之退不敢退。不問不敢對。此孝子之行也。此言父母之起居飲食也。曲禮又曰。夫爲人子者。出爲告。反必面。所遊必有常。所習必有業。玉藻曰。親老。出不易方。復不過時。論語曰。父母在。不遠遊。遊必有方。不敢勞父母以憂慮也。祭義曰。父母愛之。嘉而不忘。父母惡之。懼而不怒。無怨。內則曰。父母有婢子若庶子庶孫。甚愛之。雖父母歿。歿身敬之不衰。凡此皆日常事親之道也。皆所謂養志也。

若夫恒言不稱老。（曲禮）言孝不言慈。（坊記）不許友以死。不有私財。（曲禮）無私貨。無私蓄。無私器。不敢私假。不敢私與。（內則）居不主奧。坐不中席。行不中道。立不中門。食饗不爲槩。祭祀不爲尸。皆所以示父母在。爲人子者。心有所尊而不敢專也。至于不登高。不臨深。不苟訾。不苟笑。皆懼辱親也。（曲禮）善則稱親。過則稱己。睦于父母之黨。因睦以合族。（坊記）皆所以廣昭父母之令德。而稱其志也。如是者。皆人子愛敬之心也。

曾子曰。孝有三。大孝尊親。其次弗辱。其次能養。公明儀問于曾子曰。夫子可以爲孝乎。曾子曰。是何言與。君子之所謂孝者。先意承志。喻父母于道。參直養者也。安能爲孝乎。（祭義）先意承志。所謂養志也。喻父母于道。何謂也。曾子問于孔子曰。敢問從父之令。可謂孝乎。孔子曰。是何言與。是何言與。昔者天子有爭臣七人。雖無道。不失其天下。諸侯有爭臣五人。雖無道。不失其國。大夫有爭臣三人。雖無道。不失其家。士有爭友。則身不離于令名。父有爭子。則身不陷于不義。故當不義。則子不可不爭于父。臣不可不爭于君。故當不義則爭之。從父之令。又焉得爲孝乎。（孝經）然則喻父母于道。亦人子愛親之心也。有深愛者。必有愉色。故內則曰。父母有過。下氣怡聲。柔色以諫。諫若不入。起敬起孝。說則復諫。不說。與其得罪于鄉黨州閭也。寗孰諫。父母怒。不悅而撻之。流血。不敢疾怨。起敬起孝。曲禮曰。子之事親也。三諫而不聽。則號泣而隨之。坊記曰。從命不忿。微諫不倦。勞而不怨。論語曰。事父母幾諫。見志不從。又敬不違。勞而不怨。以其愛之深。故能如此也。所謂微諫也。幾諫也。勞而不怨也。皆不敢彰父母之過也。彰父母之過。則非人子愛親之心也。故坊記曰。君子弛其親之過。而敬其美。檀弓曰。事親有隱而無犯。左右就養無方。皆所以全人子愛親之心也。葉公語孔子曰。吾黨有直躬者。其父攘羊。而子證之。子曰。吾黨之直者。異于是。父爲子隱。子爲父隱。直在其中矣。（論語）以其有隱而無犯。父母有過。固可以幾諫。而不可以彰聞也。

夫旣幾諫矣。則不義之命之不當從也。亦甚明矣。何謂不義之命也。荀子子道篇曰。孝子不從命有三。從命則親危。不從命則親安。孝子不從命乃衷。從命則親辱。不從命則親榮。孝子不從命乃義。從命則禽獸。不從命則修飾。孝子不從命乃敬。故可以從而不從。是不子也。未可以從而從。是不衷也。是不從不義之命。亦人子愛親之道也。

三　教子

然則子之不義。父當如何。大學曰。人莫知其子之惡。莫知其苗之碩。此謂身不脩。不可以齊其家。論語曰。愛之能無勞乎。忠焉能其誨乎。則子有不義。父當教之也明矣。小宛之詩曰。

中原有菽。庶民采之。螟蛉有子。蜾蠃負之。教誨爾子。式穀似之。此言父母之當教子也。故石碏見州吁之有寵而好兵。而衛莊公弗之禁也。則諫曰。臣聞愛子教之以義方。弗納于邪。驕奢淫佚。所自邪也。四者之來。寵祿過也。將立州吁。乃定之矣。若猶未也。階之爲禍。公弗聽。（左傳隱公三年）次年。州吁遂弒兄桓公而自立。此言有子之不可不教以義方也。

公孫丑曰。君子之不教子何也。孟子曰。勢不行也。教者必以正。以正不行。繼之以怒。繼之以怒。則反夷矣。夫子教我以正。夫子未出于正也。則是父子相夷也。父子相夷則惡矣。古者易子而教之。父子之間不責善。責善則離。離則不祥莫大焉。匡章之事是也。

公都子曰。匡章通國皆稱不孝焉。夫子與之遊。又從而禮貌之。敢問何也。孟子曰。世俗所謂不孝者五。惰其四肢。不顧父母之養。一不孝也。博弈好飲酒。不顧父母之養。二不孝也。好貨財。私妻子。不顧父母之養。三不孝也。從耳目之欲。以爲父母戮。四不孝也。好勇鬥狠。以危父母。五不孝也。章子有一于是乎。

夫章子子父責善而不相遇也。責善。朋友之道也。父子責善。責恩之大者。夫章子豈不欲有夫妻子母之屬哉。爲得罪于父。不得近。出妻屏子。終身不養焉。其設心。以爲不若是。是則罪之大者。是則章子而已矣。（孟子）

匡章之事。雖不得已。然亦不祥之甚者矣。故古者易子而教之。所以全父子之愛也。詩曰。螟蛉有子。蜾蠃負之。教誨爾子。式穀似之。易子而教之也。

父之于子。則易子而教。子之于父。則微諫不倦。勞而不怨。父子之愛。可謂周矣備矣。唯其愛之如是也。故子之于父母也。未有不望其壽考也。故孔子曰。父母之年。不可不知也。一則以喜。一則以懼。故孟武伯問孝。子曰。父母唯其疾之憂。（論語）故孝經曰。孝子之事親也。病則致其憂。曲禮曰。親有疾。飲葯。子先嘗之。玉藻曰。親瘠。色容不盛。檀弓曰。父母有疾。冠者不櫛。行者不翔。言不惰。琴瑟不御。食不至變味。飲酒不至變貌。笑不至矧。怒不至詈。重憂在心。故不暇酒食笑貌也。此人子之愛也。

第三節　喪祭

一　父母喪

父子之愛如此。一旦親喪。則人子之悲痛爲何如耶。詩曰。欲報之德。昊天罔極。天之生我。我辰安在。人子之喪痛。從可知矣。故問喪曰。

親始死。雞斯徒跣。扱上衽。交手哭。惻怛之心。痛疾之意。傷腎乾肝焦肺。水漿不入口。三日不舉火。故鄰里爲之糜粥。以飲食之。夫悲哀在中。故形變于外也。疾痛在心。故口不甘味。身不安美也。三日而斂。在牀曰尸。在棺曰柩。動尸舉柩。哭踊無數。惻怛之心。痛疾之意。悲哀志懣氣盛。故袒而踊之。所以動體安心。以下氣也。（婦人不宜袒。故發胸擊心爵踊。殷殷田田。如壞牆然。悲哀疾痛之至也。）故曰辟踊哭泣。哀以送之。送形而往。迎精而返也。其往送也。望望然。汲汲然。如有追而弗及也。其反哭也。皇皇然。如有求而弗得也。故其往送也如慕。其反也如疑。求而無所得之也。入門而弗見也。上堂又弗見也。入室又弗見也。亡矣。喪矣。不可復見已矣。故哭泣辟踊盡哀而止已矣。心悵焉愴焉。惚焉愾焉。心絕志悲而已矣。是皆人子內心悲哀之態也。非僞爲也。

然則喪具如何。檀弓曰。子游問喪具。夫子曰。稱家之有無。子游曰。有無惡乎齊。夫子曰。有無過禮。苟亡矣。斂首足形。還葬縣棺而封。人豈有非之者哉。孔子告子路也。亦曰斂手足形。還葬而無椁。稱其財。斯之謂禮。故子路曰。吾聞諸夫子。喪禮。與其哀不足而禮有餘也。不若禮不足而哀有餘也。祭禮。與其敬不足而禮有餘也。不若禮不足而敬有餘也。子游亦曰。喪至乎哀而止。父母既死。天下永無眞愛我者矣。悲哀曷可極邪。尙何暇誇侈泰以炫衆人之耳目哉。故檀弓曰。子思之母死于衞。柳若謂子思曰。子聖人之後也。四方將于子乎觀禮。子盍慎諸。子思曰。吾何慎哉。吾聞之。有其禮無其財。君子弗行也。有其禮。有其財。無其時。君子弗行也。吾何慎哉。

雖然。喪至乎哀而止。非謂故薄之也。稱家之有無而已。故薄之。則愛親之心亡矣。此孟子所以深斥墨翟之教也。

墨者夷之。因徐辟而求見孟子。孟子曰。吾固願見。今吾尙病。病癒。我且往見。夷子不來。他日又求見孟子。孟子曰。吾今則可以見矣。不直則道不見。我且直之。吾聞夷子墨者。墨之治喪也。以薄爲其道也。夷子思以易天下。豈以爲非是而不貴也。然而夷子葬其親厚。則是以所賤事親也。徐子以告夷子。夷子曰。儒者之道。古之人。若保赤子。此言何謂也。之則以爲愛無差等。施由親始。徐子以告孟子。孟子曰。夫夷子。信以爲人之親其兄之子。爲若親其鄰之赤子乎。彼有取爾也。赤子匍匐將入井。非赤子之罪也。且天之生物也。使之一本。而夷子二本故也。蓋上世嘗有不葬其親者。其親死。則舉而委之于壑。他日過之。狐狸食之。蠅蚋姑嘬之。其顙有泚。睨而不視。夫泚也。夫爲人泚。中心達于面目。蓋歸返虆梩而掩之。掩之誠是也。則孝子仁人葬其親。亦必有道矣。徐子以告夷子。夷子憮然爲間曰。命之矣。

吾人讀孟子至此。可知喪具固不必過奢。然苟過薄。亦非人子愛親之道。故孔子曰。稱家之有無。有無過禮。苟亡矣。斂首足形。還葬而無椁。亦不得謂非禮。要以中心哀痛爲本。過奢乃炫人之耳目。非哀也。有其財而故薄之。是不愛其親。亦非哀也。

哀痛在心。不忍忘其親也。故問喪曰。祭之宗廟。以鬼饗之。徼幸復反也。成壙而歸。不敢入處室。居于倚廬。哀親之在外也。寢苫枕塊。哀親之在土也。故哭泣無時。服勤三年。思慕之心。孝子之志也。人情之實也。荀子禮論曰。三年之喪何也。曰稱情而立文。因以飾羣。別親疏貴賤之節。而弗可損益也。故曰無易之道也。創鉅者其日久。痛甚者其愈遲。三年者。稱情而立文。所以爲至痛極也。斬衰苴杖。居倚廬。食粥。寢苫枕塊。所以爲至痛飾也。三年之喪。二十五月而畢。哀痛未盡。思慕未忘。而服以是斷之者。豈不以送死有已。復生有節也哉。凡生天地之間者。有血氣之屬。必有知。有知之屬。莫不知愛其類。今是大鳥獸。則失喪其羣匹。越月踰時焉。則必反巡。過其故鄉。翔回焉。鳴號焉。躑躅焉。踟蹰焉。然後能去之。故有血氣之屬者。莫知于人。故人于其親也。至死不窮。將由夫患邪淫之人與。則彼朝死而夕忘之。然而從之。則是曾鳥獸之不若也。夫焉能相與羣居而不亂乎。將由夫修飾之君子與。則三年之喪。二十五月而畢。若駟之過隙。然而遂之。則是無窮也。此宰我欲短三年之喪。孔子所以深斥之也。

論語曰。宰我問三年之喪。期已久矣。君子三年不爲禮。禮必壞。三年不爲樂。樂必崩。舊穀既沒。新穀既升。鑽燧改火。期可已也。子曰。食夫稻。衣夫錦。于汝安乎。曰安。汝安則爲之。夫君子之居喪。食旨不甘。聞樂不樂。居處不安。故不爲也。今汝安則爲之。宰我出。子曰予之不仁也。子生三年。然後免于父母之懷。夫三年之喪。天下之通喪也。予也有三年之愛于其父母乎。

二　祭祀

人子之愛父母也。事死如事生。事亡如事存。故祭義曰。霜露既降。君子履之。必有悽愴之心。非其寒之謂也。春雨既濡。君子履之。必有怵惕之心。如將見之。故孝經曰。春秋祭祀。以時思之。故祭義曰。致祭于內。散齊于外。齊之日。思其居處。思其笑語。思其意志。思其所樂。思其所嗜。齊三日乃見所爲齊者。祭之日。入室僾然。必有見乎其位。周旋出戶。肅然必有聞乎其歎息之聲。故孝子將祭。必有齊莊之心。以慮事。以具服物。以修宮室。以治百事。及祭之日。顏色必溫。行必恐。如懼不及愛然。其奠之也。容貌必溫。身必詘。如語焉而未之然宿者。皆出其立。卑靜以正。如將弗見然。及祭之後。陶陶遂遂。如將復入然。是故愨善不違身。耳目不違心。思慮不違親。結諸心。形諸色。而術省之。孝子之志也。故祭則致其敬者。非爲人爲。中心達于面目。愛之深故思之切也。故祭義又曰。君子生則敬養。死則敬享。思終身弗辱也。君子有終身之喪。祭日之謂也。忌日不用。非不祥也。言夫日志有所至。而不敢盡其私也。

第四節　立身

玉藻曰。父歿不能讀父之書。手澤存焉爾。母歿而桮圈不能飲焉。口澤之氣存焉爾。人子之愛父母。固不忍念及父母之歿也。念及父母之歿。則哀痛之心不能自已也。然則何如而可以致吾終身愛親之道乎。孝經云。身體髮膚。受之父母。不敢毀傷。孝之始也。立身行道。揚名于後世。以顯父母。孝之終也。孟子曰。事孰爲大。事親爲大。守孰爲大。守身爲大。不失其身而能事其親者。吾聞之矣。失其身而能事其親者。吾未之聞也。孰不爲事。事親事之本也。孰不爲守。守身守之本也。此人子之欲致其終身之愛于父母者。重在立身也。

祭義記曾子之言曰。身也者。父母之遺體也。行父母之遺體。敢不敬乎。居處不莊非孝也。事君不忠非孝也。涖官不敬非孝也。朋友不信非孝也。戰陳無勇非孝也。五者不遂。烖及于親。敢不敬乎。亨熟羶薌。嘗而薦之。非孝也。養也。君子所謂孝也者。國人稱願然曰。幸哉有子如此。可謂孝也已。衆之本教曰孝。其行曰養。養可能也。敬爲難。敬可能也。安爲難。安可能也。卒爲難。父母既沒。愼行其身。不遺父母惡名。可謂能終矣。

故內則曰。父母雖沒。將爲善。思貽父母令名。必果。將爲不善。思貽父母惡名。必不果。故孝經云。愛親者。不敢侮于人。敬親者。不敢慢于人。爲其將貽父母惡名也。故孝經又曰。事親者。居上不驕。爲下不亂。在醜不爭。居上而驕則亡。爲下而亂則刑。在醜而爭則兵。三者不除。雖曰用三牲之養。猶爲不孝也。

祭義曰。樂正子春下堂而傷其足。數月不出。猶有憂色。門弟子曰。夫子之足瘳矣。數月不出。猶有憂色何也。樂正子春曰。善如爾之問也。善如爾之問也。吾聞諸曾子。曾子聞諸夫子曰。天之所生。地之所養。無人爲大。父母全而生之。子全而歸之。可謂孝矣。不虧其體。不辱其身。可謂全矣。故君子頃步而不敢忘孝也。今予忘孝之道。予是以有憂色也。壹舉足而不敢忘父母。壹出言而不敢忘父母。壹舉足而不敢忘父母。是故道而不徑。舟而不游。不敢以先父母之遺體行殆。壹出言而不敢忘父母。是故惡言不出于口。忿言不反于身。不辱其身。不羞其親。可謂孝矣。

然則何如而可貽父母令名乎。曾子曰。國人稱願然曰。幸哉有子如此。可謂孝也已。何如而可致此乎。孝經云。因天之道。分地之利。謹身節用。以養父母。此孝之一端也。故曾子曰。樹木以時伐焉。禽獸以時殺焉。夫子曰。斷一樹。殺一獸。不以其時非孝也。以其非仁也。故孝有三。小孝用力。中孝用勞。大孝不匱。思慈愛忘勞。可謂用力矣。尊仁安義。可謂用勞矣。博施備物。可謂不匱矣。孔子曰。武王周公。其達孝矣乎。夫孝者。善繼人之志。善述人之事者也。生則養其志。死則繼其志。詩曰。孝子不匱。永錫爾類。此之謂也。

所謂國人稱願然者。非謂人人皆好之也。孔子曰。不如鄉人之善者好之。其不善者惡之。而況于父母之讎乎。子夏問于孔子曰。居父母之讎如之何。夫子曰。寢苫枕戈。不仕。弗與共天下也。遇諸市朝。不反兵而鬥。曰請問居昆弟之讎如之何。曰仕弗與共國。銜君命而使。雖遇之不鬥。曰請問居從父昆弟之讎如之何。曰不爲魁。主人能則執兵而陪其後。（檀弓）曲禮曰。父之讎。弗與共戴天。兄弟之讎。不反兵。交游之讎不同國。人子而事父之仇。尙可謂爲繼志述事乎。

第五節　教孝

孝經云。愛親者。不敢侮于人。敬親者。不敢慢于人。有子曰。其爲人也孝悌而好犯上者。鮮矣。不好犯上而好作亂者。未之有也。君子務本。本立而道生。孝弟也者。其爲人之本與。聖人因人情而設教。非有加于外也。因人之不敢侮于人。不敢慢于人。不好犯上。不好作亂也。

而有禮樂之施焉。故孝經曰。教民親愛。莫善于孝。教民禮順。莫善于弟。移風易俗。莫善于樂。安上治民。莫樂于禮。禮者敬而已矣。故敬其父則子悅。敬其兄則弟悅。敬其君則臣悅。敬一人而千萬人悅。所敬者寡。而悅者衆。此之謂要道也。

伊訓曰。立愛惟親。立敬惟長。始于家邦。終于四海。此以孝治天下也。故孔子曰。立愛自親始。教民睦也。立敬自長始。教民順也。教以慈睦。而民貴有親。教以敬長。而民貴用命。教以事親。順以聽命。錯諸天下。無所不行。故孝經曰。君子之事親孝。故忠可移于君。事兄弟。故順可移于長。居家理。故治可移于官。是以行成于內。而德教加于百姓。刑于四海。此以孝治天下也。故孔子曰。君子篤于親。則民興于仁。故舊不遺。則民不偸。所以然者何也。孟子曰。孩提之童。無不知愛其親也。愛親之心。雖至愚極惡之人。亦皆有之。賢者能勿喪耳。故以孝教人。猶以火就燥。掘地引泉。是啓迪其本性也。何難之有。請舉春秋時事以明之。

左傳隱公元年。初鄭武公娶于申。曰武姜。生莊公。及公叔段。莊公寤生。驚姜氏。故名寤生。遂惡之。愛共叔段。欲立之。亟請于武公。公弗許。及莊公卽位。爲之請制。公曰。制巖邑也。虢叔死焉。他邑唯命。請京。使居之。謂之京城大叔。……大叔完聚。繕甲兵。具卒乘。將襲鄭。夫人將啓之。公聞其期。曰可矣。命子封帥車二百乘以伐京。京叛大叔段。段入于鄢。公伐諸鄢。大叔出奔共。遂寘姜氏于城潁。而誓之曰。不及黃泉。無相見也。旣而悔之。

潁考叔爲潁谷封人。聞之。有獻于公。公賜之食。食舍肉。公問之。對曰。小人有母。皆嘗小人之食矣。未嘗君之羹。請以遺之。公曰。爾有母遺。繄我獨無。潁考叔曰。敢問何謂也。公語之故。且告之悔。對曰。君何患焉。若掘地及泉。隧而相見。其誰曰不然。公從之。公入而賦大隧之中。其樂也融融。姜出而賦大隧之外。其樂也洩洩。遂爲母子如初。君子曰。潁考叔純孝也。愛其母。施及莊公。詩曰。孝子不匱。永錫爾類。其是之謂乎。

孝之感人也如此。而況居民之上。風行草偃。天下之人。焉有不親親敬長。不敢侮于人。不敢侵于人。老吾老。以及人之老。幼吾幼。以及人之幼。而使天下爲一家。中國爲一人乎。

第三章　兄弟

第一節　孝友

曹子建之詩曰。煮豆燃豆萁。豆在釜中泣。本是同根生。相煎何太急。諺曰。孔懷兄弟。同氣連枝。此之謂也。人之有兄弟。猶豆之有萁也。親親之誼。可不務乎。人能以父母之心爲心。則兄弟怡怡矣。若大舜者。可謂眞能體父母之心矣。

萬章曰。父母使舜完廩。捐階。瞽瞍焚廩。使浚井。出。從而揜之。象曰。謨蓋都君。咸我績。牛羊父母。倉廩父母。干戈朕。琴朕。弤朕。二嫂使治朕棲。象往入舜宮。舜在牀琴。象曰。鬱陶思君爾。忸怩。舜曰。惟茲臣庶。汝其于予治。不識舜不知象之將殺己與。曰奚爲不知也。象憂亦憂。象喜亦喜。曰然則舜僞喜者與。曰否。……彼以愛兄之道來。故誠信而喜之。奚僞焉。

萬章問曰。象日以殺舜爲事。立爲天子。則放之何也。孟子曰。封之也。或曰放焉。萬章曰。舜流共工于幽州。放驩兜于崇山。殺三苗于三危。殛鯀于羽山。四罪而天下咸服。誅不仁也。象至不仁。封之有庳。有庳之人奚罪焉。仁人固如是乎。在他人則誅之。在弟則封之。曰仁人之于弟也。不藏怒焉。不宿怨焉。親愛之而已矣。親之欲其貴也。愛之欲其富也。封之有庳。富貴之也。身爲天子。弟爲匹夫。可謂親愛之乎。敢問或曰放者何謂也。曰象不得有爲于其國。天子使吏治其國。而納其貢稅焉。故謂之放。豈得暴彼民哉。雖然欲常常而見之。故源源而來。不及貢。以政接于有庳。此之謂也。處境若舜之艱。而能若是以遇其弟。可謂孝友之至矣。

大舜之後。孝友于兄弟而見諸傳記者。當推吳太伯與季札。司馬遷撰吳世家曰。吳太伯太伯弟仲雍。皆周太王之子而王季歷之兄也。季歷賢有聖子昌。太王欲立季歷。以及昌。于是太伯仲雍二人。乃犇荆蠻。文身斷髮。示不可用。以避季歷。孔子曰。泰伯其可謂至德也已矣。三以天下讓。民無德而稱焉。

吳王壽夢卒。壽夢有子四人。長曰諸樊。次曰餘祭。次曰餘昧。次曰季札。季札賢而壽夢欲立之。季札讓不可。于是乃立長子諸樊。攝行事當國。王諸樊元年。諸樊既除喪。讓位于季札。季札謝曰。曹宣公之卒也。諸侯與曹人不義曹君。將立子臧。子臧去之。以成曹君。君子曰。能守節義。君必事。誰敢干君。有國非吾節也。札雖不材。願附于子臧之義矣。吳人固立季札。季札棄其室而耕。乃舍之。

鹿鳴之詩曰。伐木于阪。釃酒有衍。籩豆有踐。兄弟無遠。民之失德。乾餱以愆。有酒湑我。無酒酤我。坎坎鼓我。蹲蹲舞我。迨我暇矣。飲此湑矣。若吳季子者。可謂能體斯旨矣。民之失德。乾餱以愆。故君子見利思義也。見利思義。處國人且當如此。而況于同氣連枝之手足乎。此吳季子之所以爲春秋時賢公子也。

第二節　敦睦

桑扈之詩曰。有頍者弁。實維伊何。爾酒既旨。爾殽既嘉。豈伊異人。兄弟匪他。蔦與女蘿。施于松柏。未見君子。憂心奕奕。既見君子。庶幾悅懌。　有頍者弁。實維何期。爾酒既旨。爾殽既時。豈伊異人。兄弟具來。蔦與女蘿。施于松上。未見君子。憂心怲怲。既見君子。庶幾有臧。　有頍者弁。實維在首。爾酒既旨。爾殽既阜。豈伊異人。兄弟甥舅。如彼雨雪。先集維霰。死喪無日。無幾相見。樂酒今夕。君子維宴。　蔦與女蘿。施于松上。親親之誼。蔑以加矣。爲兄弟者。宜如何敦睦而互助乎。彼兄弟相殘。非特有傷父母之心。抑且自戕其憑藉也。終亦必亡而已。周襄王是也。

左傳僖公二十四年。襄王將以狄伐鄭。富辰諫曰。不可。臣聞之。太上以德撫民。其次親親以相及也。昔周公弔二叔之不咸。故封建親戚。以蕃屏周。管蔡郕霍魯衛毛聃郜雍曹滕畢原酆郇文之昭也。邘晉應韓武之穆也。凡蔣邢芳胙祭周公之胤也。召穆公思周德之不類。故糾合宗族于成周。而作詩曰。棠棣之華。鄂不韡韡。凡今之人。莫如兄弟。其四章曰。兄弟鬩于牆。外禦其侮。如是則兄弟雖有小忿。不廢懿親。今天子不忍小忿。以棄鄭親。其若之何。庸勳親親。暱近尊賢。德之大者也。卽聾從昧。與頑用嚚。姦之大者也。棄德崇姦。禍之大者也。鄭有平惠之勳。又有厲宣之親。棄嬖寵而用三良。于諸姬爲近。四德具矣。耳不聽五聲之和爲聾。目不別五色之章爲昧。心不則德義之經爲頑。口不道忠信之言爲嚚。狄皆有之。四姦具矣。周之有懿德。猶曰莫如兄弟。故封建之。其懷柔天下也。猶懼有外侮。扞禦侮者。莫如親親。故以親屏周。召穆公亦云。今周德既衰。于是乎又渝周召以從諸姦。無乃不可乎。民未忘禍。王又啓之。其若文武何。

王弗聽。使頹叔桃子出狄師伐鄭。取櫟。王德狄人。將以其女爲后。富辰諫曰不可。臣聞之曰。報者倦矣。施者未厭。狄固貪惏。王又啓之。女德無極。婦怨無終。狄必爲患。王又弗聽。甘昭公通于隗氏。頹叔桃子奉大叔以狄師伐周。大敗周師。王出適鄭。處于氾。

桑扈之詩曰。騂騂角弓。翩其反矣。兄弟昏姻。無胥遠矣。爾之遠矣。民胥然矣。爾之教矣。民胥傚矣。此令兄弟。綽綽有裕。不令兄弟。交相爲瘉。民之無良。相怨一方。受爵不讓。至于已斯亡。周襄王可謂自食其果矣。墨子脩身篇曰。近者不親。無務來遠。親戚不附。無務外交。故兄弟不可不敦睦也。此天所與我之助也。

棠棣之詩曰。棠棣之華。鄂不韡韡。凡今之人。莫如兄弟。死喪之威。兄弟孔懷。原隰裒矣。兄弟求矣。脊令在原。兄弟急難。每有良朋。況也永歎。兄弟鬩于牆。外禦其侮。每有良朋。烝也無戎。喪亂既平。既安且甯。雖有兄弟。不如友生。儐爾籩豆。飲酒之飫。兄弟既具。和樂且孺。妻子好合。如鼓瑟琴。兄弟既翕。和樂且湛。宜爾室家。樂爾妻孥。是究是圖。亶其然乎。人能念患難之相依。顛沛之相助。則安甯之日。可以無相尤矣。

第四章　夫婦

第一節　別嫌疑

物之所以貴者。以其不濫。不濫則貴。夫婦之情所以篤者。以男女有別。男女有別。則情專一而純粹。專一而純粹。則夫婦之情篤。故夫婦之道。首重別嫌疑。告子曰。食色性也。孟子亦曰。人少則慕父母。知好色則慕少艾。有妻子則慕妻子。是好色。固不得謂非人之性也。然孟子又曰。踰東家牆而摟其處子則得妻。不摟則不得妻。則將摟之乎。是好色而至于亂。亦不得謂爲人之性矣。好色而至于亂。今之所謂自由戀愛也。在春秋時。固已盛行矣。非今人新發明之寶物也。召南之詩曰。

野有死麕。白茅苞之。有女懷春。吉士誘之。　林有樸樕。野有死鹿。白茅純束。有女如玉。舒而脫脫兮。無感我帨兮。無使尨也吠。

鄭風之詩曰。野有蔓草。零露漙兮。有美一人。淸揚婉兮。邂逅相遇。適我願兮。　野有蔓草。零露瀼瀼。有美一人。婉如淸揚。邂逅相遇。與子偕臧。

邶風之詩曰。靜女其姝。俟我于城隅。愛而不見。搔首踟蹰。　靜女其孌。貽我彤管。彤管有煒。說懌女美。自牧歸荑。洵美且異。匪女之爲美。美人之貽。

王風之詩曰。丘中有麻。彼留子嗟。彼留子嗟。將其來施施。　丘中有麥。彼留子國。彼留子國。將其來食。丘中有李。彼留之子。彼留之子。貽我佩玖。

鄘風之詩曰。爰采唐矣。沬之鄉矣。云誰之思。美孟姜矣。期我乎桑中。要我乎上宮。送我乎淇之上矣。爰采麥矣。沬之北矣。云誰之思。美孟弋矣。期我乎桑中。要我乎上宮。送我乎淇之上矣。爰采葑矣。沬之東矣。云誰之思。美孟庸矣。期我乎桑中。要我乎上宮。送我乎淇之上矣。

自由戀愛。發達至此。可謂毫無束縛矣。然其結果何如乎。

鄭風之詩曰。青青子襟。悠悠我心。縱我不往。子甯不嗣音。　青青子佩。悠悠我思。縱我不往。子甯不來。挑兮撻兮。在城闕兮。一日不見。如三月兮。

又曰。彼狡童兮。不與我好兮。維子之故。使我不能餐兮。　彼狡童兮。不與我食兮。維子之故。使我不能息兮。

又曰。子惠思我。蹇裳涉溱。子不我思。豈無他人。狂童之狂也且。　子惠思我。蹇裳涉洧。子不我思。豈無他士。狂童之狂也且。

又曰。子之丰兮。俟我乎巷兮。悔予不送兮。　子之昌兮。俟我乎堂兮。悔予不將兮。　衣錦褧衣。裳錦褧裳。叔兮伯兮。駕子與行。　裳錦褧裳。衣錦褧衣。叔兮伯兮。駕子與歸。

凡此者果何爲哉。蓋不以禮合者。始亂未有不終棄者。卽徼幸而結成昏冓。然以不愼之于始。亦未有不凶終隙末者。邶衞之詩可以見矣。

邶風之詩曰。習習谷風。以陰以雨。黽勉同心。不宜有怒。采葑采菲。無以下體。德音莫違。及爾同死。行道遲遲。中心有違。不遠伊邇。薄送我畿。誰謂荼苦。其甘如薺。宴爾新昏。如兄如弟。涇以渭濁。湜湜其沚。宴爾新昏。不我屑以。毋逝我梁。毋發我笱。我躬不閱。遑恤我後。就其深矣。方之舟之。就其淺矣。泳之游之。何有何亡。黽勉求之。凡民有喪。匍匐救之。不我能慉。反以我爲讎。旣阻我德。賈用不售。昔育恐育鞫。及爾顚覆。比予于毒。我有旨蓄。亦以御冬。宴爾新昏。以我御窮。有洸有潰。旣詒我肄。不念昔者。伊予來塈。衞風之詩曰。氓之蚩蚩。抱布貿絲。匪來貿絲。來卽我謀。送子涉淇。至于頓丘。匪我愆期。子無良媒。將子無怒。秋以爲期。乘彼垝垣。以望復關。不見復關。泣涕漣漣。旣見復關。載笑載言。爾卜爾筮。體無咎言。以爾車來。以我賄遷。桑之未落。其葉沃若。于嗟鳩兮。無食桑葚。于嗟女兮。無與士耽。士之耽兮。猶可說也。女之耽兮。不可說也。桑之落矣。其黃而隕。自我阻爾。三歲食貧。淇水湯湯。漸車帷裳。女也不爽。士貳其行。士也罔極。二三其德。三歲爲婦。靡室勞矣。夙興夜寐。靡有朝矣。言旣遂矣。至于暴矣。兄弟不知。咥其笑矣。靜言思之。躬自悼矣。

如此者。皆不以禮合而自食其果也。自由戀愛。發達至白熱度。非特不別嫌疑。不思結果也。舉凡尊卑之節。長幼之關係。均可一掃而空之。更何論禮義之大防。如此類者。春秋時蓋即數見不鮮。其因戀愛自由。而肇數世之禍者。晉獻公是也。

左傳莊公二十三年。晉獻公烝于齊姜。生秦穆夫人。及太子申生。又娶二女于戎。大戎狐姬生重耳。小戎子生夷吾。晉伐驪姬。驪戎男女以驪姬歸。生奚齊。其姊生卓子。驪姬嬖。……使太子居曲沃。重耳居蒲城。夷吾居屈。羣公子皆鄙。唯二姬之子在絳。二五卒與驪姬譖羣公子而立奚齊。……僖公四年十二月。（太子）縊于新城。……重耳奔蒲。夷吾奔屈。僖公九年。晉獻公卒。……十月里克（申生傅）殺奚齊于次。……十一月里克殺公子卓于朝。……齊隰朋帥師會秦師。納晉惠公（夷吾）。……僖公十年。晉侯殺里克。僖公十五年。秦伯伐晉。獲晉侯以歸。僖公十八年。晉太子圉爲質于秦。秦歸河東。而以女妻之。是爲晉懷公。僖公二十四年。秦伯納重耳于晉。是爲文公。使使殺懷公于高粱。

如此一幕家庭慘劇。豈非戀愛自由肇其端邪。其因三角戀愛而肇殺身之禍者。崔武子齊莊公是也。

左傳襄公二十五年。崔武子見（齊棠公妻）棠姜而美之。遂取之。（齊）莊公通焉。崔子弒之。

其又一因三角戀愛而幾肇殺身之禍者。鄭子南子晳是也。

左傳昭公元年。鄭徐吾犯之妹美。公孫楚（子南）聘之矣。公孫黑（子晳）又使強委禽焉。犯懼。告子產。子產曰。是國之無政。非子之患也。唯所欲與。犯請于二子。請使女擇焉。皆許之。皙盛飾入。布幣而出。子南戎服入。左右射。超乘而出。女自房觀之。曰。子皙信美矣。抑子南夫也。夫夫婦婦。所謂順也。適子南氏。子皙怒。既而櫜甲以見子南。欲殺之。而取其妻。子南知之。執戈逐之。及衝。擊之以戈。子皙傷而歸。

如此類者。在春秋時蓋已司空見慣。政散民流。男不安于室。女不安于家。男無以爲室。女無以爲家。紛紛擾擾。日惟色慾是逐。惟夸毗是尚。所謂人類文化。幾全爲戀愛幽默所壟斷。室家流離。骨肉相殘。此豈得謂爲人類之幸福。知者惡之。而作詩曰。

鶉之奔奔。鵲之彊彊。人之無良。我以爲兄。 鵲之彊彊。鶉之奔奔。人之無良。我以爲君。

又曰。牆有茨。不可掃也。中冓之言。不可道也。所可道也。言之醜也。 牆有茨。不可襄也。中冓之言。不可詳也。所可詳也。言之長也。（鄘）

又曰。新臺有泚。河水瀰瀰。燕婉之求。籧篨不鮮。 新臺有泚。河水浼浼。燕婉之求。籧篨不殄。魚網之設。鴻則離之。燕婉之求。得此戚施。（邶）

又曰。南山崔崔。雄狐綏綏。魯道有蕩。齊子由歸。既曰歸止。曷又懷止。 葛屨五兩。冠緌雙止。魯道有蕩。齊子庸止。既曰庸止。曷又從止。 蓺麻如之何。縱橫其畝。取妻如之何。必告父母。既曰告止。曷又鞠止。 析薪如之何。匪斧不克。取妻如之何。匪媒不得。既曰得止。曷又極止。（齊）

是皆譏刺當時不別嫌疑。而競趨自由戀愛而作者也。好色固人之性也。而羞惡之心亦人之性也。好色而有別。則人皆羨之。好色而無別。在當事者。固自以爲戀愛自由。而在旁觀者視之。未有不賤惡之者。孟子曰。男子生而願爲之有室。女子生而願爲之有家。不待父母之命。媒妁之言。鑽隙穴相窺。踰牆相從。則父母國人皆賤之。鄭風之詩曰。將仲子兮。無踰我里。無折我樹杞。豈敢愛之。畏我父母。仲可懷也。父母之言。亦可畏也。將仲子兮。無踰我牆。無折我樹桑。豈敢愛之。畏我諸兄。仲可懷也。諸兄之言。亦可畏也。將仲子兮。無踰我園。無折我樹檀。豈敢愛之。畏人之多言。仲可懷也。人之多言。亦可畏也。

召南之詩曰。厭浥行露。豈不夙夜。謂行多露。誰謂雀無角。何以穿我屋。誰謂汝無家。何以速我獄。雖速我獄。室家不足。誰謂鼠無牙。何以穿我墉。誰謂汝無家。何以速我訟。雖速我訟。亦不汝從。

是皆當時女子。在利誘威脅之下。而能以羞惡之心自持。不敢輕嘗無禮結合之惡果也。

第二節　愼昏姻

孟子曰。人少則慕父母。知好色則慕少艾。有妻子則慕妻子。是人之性也。故齊宣王曰。寡人有疾。寡人好色。而孟子則告之曰。昔者太王好色。愛厥妃。詩曰。古公亶父。來朝走馬。率西水滸。至于岐下。爰及姜女。聿來胥宇。是好色之結果。在結爲夫婦。結爲夫婦之目的。在宜室宜家也。故孟子曰。當是時也。內無怨女。外無曠夫。太王好色以正。而百姓咸化之也。關雎之詩曰。關關雎鳩。在河之洲。窈窕淑女。君子好逑。參差荇菜。左右流之。窈窕淑女。寤寐求之。求之不得。寤寐思服。悠哉悠哉。輾轉反側。參差荇菜。左右采之。窈窕淑女。琴瑟友之。參差荇菜。左右芼之。窈窕淑女。鐘鼓樂之。此文王之昏冓。文王之昏冓。亦以愛爲始基。

是夫婦之結合以愛。而結合之目的。則在宜室宜家。男以女爲室。女以男爲家。宜室宜家。而後男有分。女有歸。故孟子曰。男女居室。人之大倫也。易之歸妹曰。歸妹天地之大義也。天地不交。而萬物不興。歸妹人之終始也。郊特牲曰。天地合而後萬物興焉。夫昏禮萬世之始也。故君子重之。在女子方面。則孟子所謂良人者。所仰望而終身也。在男子方面。則昏義所謂。昏禮者。將以合二姓之好。上以事宗廟。而下以繼後世也。夫不夫。則女終身無所仰望矣。婦不婦。則男子上無以事宗廟。而下無以繼後世矣。故夫婦者。男女終身之幸福係之。其關係之重大如此。故不得愼之也。

夫婦不可以苟合。則男女不能無別。無別則禽獸矣。禽獸則無愛敬矣。無愛敬則無夫婦。無夫婦則內多怨女。外多曠夫矣。故郊特牲曰。男女有別。然後父子有親。父子親然後義生。義生然後禮作。禮作然後萬物安。無別無義。禽獸之道也。鄭風之詩曰。

出其東門。有女如雲。雖則如雲。匪我思存。縞衣綦巾。聊樂我員。　出其闉堵。有女如荼。雖則如荼。匪我思且。縞衣茹藘。聊可與娛。

邶風之詩曰。匏有苦葉。濟有深涉。深則厲。淺則揭。　有瀰濟盈。有鷕雉鳴。濟盈不濡軌。雉鳴求其牡。　雝雝鳴鴈。旭日始旦。士如歸妻。迨冰未泮。　招招舟子。人涉卬否。人涉卬否。卬須我友。是皆審于男女之別。而不敢苟爲夫婦也。

夫婦以愛結合矣。而又不可苟爲也。然則如之何而可。南山之詩曰。蓺麻如之何。縱橫其畝。取妻如之何。必告父母。析薪如之何。匪斧不克。取妻如之何。匪媒不得。是夫婦之結合。必待父母之命。媒妁之言矣。故孟子曰。丈夫生而願爲之有室。女子生而願爲之有家。不待父母之命。媒妁之言。鑽穴隙相窺。踰牆相從。則父母國人皆賤之。

夫婦以愛爲結合也。愛發自內心。他人不得而與也。而何以父母媒妁爲哉。孔子曰。少之時。血氣未定。戒之在色。血氣未定之愛。未必爲眞愛也。谷風之詩曰。士也不良。二三其德。以色欲而結合者。未有不始亂而終棄者也。故不可不愼也。關心子女終身之幸福者。莫如父母。而明悉男女雙方之行性者。莫如媒妁。故夫婦之結合。以愛爲基礎。而其愛之能否悠久。則必視男女行性之是否相投以爲定。男女行性之是否相投。則必待媒妁之調查。父母之考慮。而後能決斷也。所謂行性者。非謂不正當之嗜好也。男子之行性。是否可以仰望而終身。女子之行性。是否上可以事宗廟。下可以繼後世。必待父母媒妁之考慮。而後可以決定也。男可以仰望而終身。女可以事宗廟繼後世。是雙方皆能同患難共憂樂也。能同患難共憂樂。然後始爲眞愛。故夫婦之結合。必待父母之命。媒妁之言。然後始能悠久。此理之常也。萬章問曰。詩云。取妻如之何。必告父母。信斯言也。宜未如舜。舜之不告而取。敢問何謂也。孟子曰。告則不得取。男女居室。人之大倫也。如告則廢人之大倫。是以不告也。萬章曰。舜之不告而取。則吾既得聞命。帝之妻舜而不告何也。孟子曰。帝亦知告焉則不得妻也。孟子又曰。不孝有三。無後爲大。舜之不告而取。爲無後也。君子以爲猶告也。何謂告則不得取乎。帝典曰。有鰥在下。曰虞舜。瞽子。父頑。母嚚。象傲。象日以殺舜爲事者也。而父母縱之。如告安能得取乎。此事之變也。特殊之情形也。固不可衡以常理也。情形雖曰特殊。然亦必有舜之德。而後堯可以其女妻之。必有堯之德。而後舜可以取其女。此君子以爲猶告也。

且既曰必告父母矣。是男女已經相愛而將近于夫婦階段也。如未始相愛。更未近于夫婦階段。則將何以告父母乎。故父母之命。不得謂爲盲目婚姻。不得謂爲婚姻不自由也。父母之命。不過謀男女雙方幸福持之悠久而不變耳。前已言之。鄭徐吾犯之妹之聘子南是矣。然則所謂舊禮教之罪惡。果何在乎。

第三節　夫婦之道

夫婦之道何如乎。易家人之彖曰。女正位乎內。男正位乎外。男女正夫婦之大義也。家人有嚴君焉。父母之謂也。父父子子兄兄弟弟夫夫婦婦而家道正。家道正而天下定矣。何以謂之夫夫婦婦也。禮運曰。何謂人義。父慈子孝兄良弟弟夫義婦聽長惠幼順君仁臣忠。十者。謂之人義。夫義婦聽而后夫婦和。故又曰。父子篤。兄弟睦。夫婦和。家之肥也。是丈夫以義爲美。而婦人以聽爲德也。

家人之六二曰。无攸遂。在中饋。貞吉。象曰。六二之吉。順以共也。婦人之職。在主中饋而已。无以及他事也。順以共者。聽之德也。孟子曰。丈夫之冠也。父命之。女子之嫁也。母命之。往送之門。戒之曰。往之女家。必敬必戒。無違夫子。以順爲正者。妾婦之道也。郊特牲曰。幣必誠。辭無腆。告之以直信。信事人也。信婦德也。壹與之齊。終身不改。故夫死不嫁。又曰。男帥女。女從男。婦人從人者也。幼從父兄。嫁從夫。夫死從子。聽從者。婦人之德也。

聽從之德。自昏姻之道始。昏義曰。夙興。婦沐浴以俟見質。明贊見婦于舅姑。婦執笲棗栗段修。以贊見醴婦。婦祭脯醢祭醴。成婦禮也。舅姑入室。婦以特豚饋。明婦順也。厥明。舅姑共饗。婦以一獻之禮奠酬。舅姑先降自西階。婦降自阼階。以著代也。成婦禮。明婦順。又申之以著代。所以重責婦順焉也。婦順者。順于舅姑。和于室人。而后當于夫。故周南之詩曰。桃之夭夭。灼灼其華。之子于歸。宜其室家。 桃之夭夭。有蕡其實。之子于歸。宜其家室。

桃之夭夭。其葉蓁蓁。之子于歸。宜其家人。宜室宜家。是婦順也。婦人之道也。婦人何爲而以聽順爲美德也。易傳曰。乾道成男。坤道成女。乾剛而坤柔。夫乾天下之至健也。夫坤。天下之至順也。故夫剛健而婦柔順。天地之道也。故夫唱而婦隨。而室家成。而和樂興焉。若乾坤易位。婦剛夫柔。則天地閉而室家毀矣。和樂何有焉。牧誓曰。古人有言曰。牝鷄無晨。牝鷄之晨。惟家之索。婦人而壟斷獨登。自用自專。動輒與夫反目。家道焉有不敗者。智育發達不同。經驗豐歉不同。而不欲和衷共濟。不亦誣乎。故曰。无攸遂。在中饋。貞吉。是婦人之道也。

何謂夫義。郊特牲曰。夫也者夫也。夫也者以知帥人者也。何如而可以知帥人也。文王之詩曰。惠于宗公。神罔時怨。神罔時恫。刑于寡妻。至于兄弟。以御于家邦。雝雝在宮。肅肅在廟。不顯亦臨。無射亦保。雝雝肅肅。禮樂之盛者也。雝雝則和樂矣。肅肅則中正矣。中正則無邪辟之氣矣。和樂則無乖戾之氣矣。中正而和樂。故能刑于寡妻也。故大學曰。所謂齊其家在修其身者。人之其所親愛而辟焉。之其所賤惡而辟焉。之其所畏敬而辟焉。之其所哀矜而辟焉。之其所敖惰而辟焉。邪僻而乖戾之謂也。故曰。此謂身不修。不可以齊其家。身不修則無以刑于妻子矣。故不能齊其家也。

夫義婦順。而后家道正。故鄭風之詩曰。女曰鷄鳴。士曰昧旦。子興視夜。明星有爛。將翺將翔。弋鳬與雁。弋言加之。與子宜之。宜言飲酒。與子偕老。琴瑟在御。莫不靜好。

棠棣之詩曰。妻子好合。如鼓瑟琴。兄弟既翕。和樂且湛。宜爾室家。樂爾妻帑。是究是圖。亶其然乎。夫唱婦隨之謂也。夫唱婦隨。而後和樂興焉。故曰。父子篤。兄弟睦。夫婦和。家之肥也。

男正位乎外者。仰以事父母。俯以畜妻子。是男子之職也。女正位乎內者。无攸遂。在中饋。上以事宗廟。下以繼後世。是婦人之職也。故內則曰。女子十年不出。姆教婉娩聽從。執麻枲。治絲繭。織紝組紃。學女事。以供衣服。觀于祭祀。納酒漿籩豆菹醢。禮相助奠。十五年而笄。二十而嫁。有故二十三年而嫁。故昏義曰。婦順者。順于舅姑。和于室人。而后當于夫。以成絲麻布帛之事。以審守委積蓋藏。是中饋也。女子之所主也。故曰。婦順備而后內和理。內和理而后家可長久也。

周南之詩曰。葛之覃兮。施于中谷。維葉萋萋。黃鳥于飛。集于灌木。其鳴喈喈。葛之覃兮。施于中谷。維葉莫莫。是刈是濩。爲絺爲綌。服之無斁。言告師氏。言告言歸。薄污我私。薄浣我衣。害浣害否。歸甯父母。是成絲麻布帛之事。以審守委積蓋藏也。

在一篇中。而男勤于外。女勤于內。雝雝睦睦。宜室宜家。粲然畢陳者。豳風七月之詩是也。其詩曰。

七月流火。九月授衣。一之日觱發。二之日栗烈。無衣無褐。何以卒歲。三之日于耜。四之日舉趾。同我婦子。饁彼南畝。田畯至喜。七月流火。九月授衣。春日載陽。有鳴倉庚。女執懿筐。遵彼微行。爰求柔桑。春日遲遲。采蘩祁祁。女心傷悲。迨及公子同歸。七月流火。八月萑葦。蠶月條桑。取彼斧斨。以伐遠揚。猗彼女桑。七月鳴鵙。八月載績。載玄載黃。我朱孔陽。爲公子裳。四月秀葽。五月鳴蜩。八月其穫。十月隕蘀。一之日于貉。取彼狐狸。爲公子裘。二之日其同。載纘武功。言私其豵。獻豜于公。五月斯螽動股。六月莎鷄振羽。七月在野。八月在宇。九月在戶。十月蟋蟀。入我牀下。穹窒熏鼠。塞向墐戶。嗟我婦子。曰改歲爲。入此室處。六月食鬱及薁。七月亨葵及菽。八月剝棗。十月穫稻。爲此春酒。以介眉壽。七月食瓜。八月斷壺。九月叔苴。采荼薪樗。食我農夫。九月築場圃。十月納禾稼。黍稷重穋。禾麻菽麥。嗟我農夫。我稼既同。上入執宮功。晝爾于茅。宵爾索綯。亟其乘屋。其始播百穀。

男勤于耕。女勤于績。夫唱婦隨。相愛相助。七月之詩。蓋言之詳矣。是家道之正也。郤缺有之矣。左傳僖公三十三年。臼季使過冀。見冀缺耨。其妻饁之敬。相待如賓。與之歸。言諸文公曰。敬德之聚也。能敬必有德。德以治民。請君用之。朱柏廬曰。家庭和睦。雖饔飧不繼。亦有餘歡。夫婦和睦。內助得人。安得不令人欣羨哉。

婦人從人者也。在家從父兄。出嫁從夫。夫死從子。介之推之母有之矣。左傳僖公二十四年。晉文公既卽位。介之推不言祿。祿亦弗及。推曰。獻公之子九人。唯君在矣。惠懷無親。外內棄之。天未絕晉。必將有主。主晉祀者。非君而誰。天實置之。而二三子。以爲己力。不亦誣乎。竊人之財。猶謂之盜。況貪天之功。以爲己力乎。下義其罪。上賞其姦。上下相蒙。難與處矣。其母曰。盍亦求之。以死誰懟。對曰。尤而效之。罪又甚焉。且出怨言。不食其食。其母曰。亦使知之若何。對曰。言。身之文也。身將死。焉用文之。是求顯也。其母曰。能如是乎。與女偕隱。遂隱而死。

婦人者。上以事宗廟。下以繼後世也。上以事宗廟。下以繼後世。則必有待于賢母矣。公父文伯之母是也。魯語。公父文伯退朝。朝其母。其母方績。文伯曰。以歜之家。而主猶績。懼忓季孫之怒也。其以歜爲不能事主乎。其母歎曰。魯其亡乎。使僮子備官。而未之聞邪。居。吾語女。昔聖王之處民也。擇瘠土而處之。勞其民而用之。故長王天下。夫民勞。勞則思。思則善心生。佚則淫。淫則忘善。忘善則惡心生。沃土之民不材。淫也。瘠土之民。莫不鄉義。勞也。是故天子大采。朝日與三公九卿祖識地德。日中考政。與百官論政事。師尹維旅牧相宣序。民事少采。夕月與太史司載糾虔天刑。日入監九御使潔奉禘郊之粢盛。而後即安。諸侯朝修天子之業。命晝考其國職。夕省其典刑。夜儆百工。使無慆淫。而後即安。卿大夫朝考其職。晝講其庶政。夕序其業。夜庀其家事。而後即安。士朝受業。晝而講貫。夕而復習。夜而計過。無憾而後即安。自庶人以下。明而動。晦而休。無日以怠。王后親織玄紞。公侯之夫人。加之以紘綖。卿之內子。爲大帶。命婦成祭服。列士之妻。加之以朝服。自庶士以下。皆衣其夫。社而賦事。蒸而獻功。男女效績。愆則有辟。古之制也。君子勞心。小人勞力。先王之訓也。自上至下。誰敢淫心舍力。今我寡也。爾又在下位。朝夕處事。猶恐忘先人之大業。況有怠惰。其何避辟。吾冀爾朝夕修我曰。必無廢先人。爾今曰。胡不自安。以是承君之官。余懼穆伯之絕嗣也。故曰。兢兢業業。上以事宗廟。下以繼後世。唯恐不及者。公父文伯之母也。夫能以身作則。教子以義方。必能克勤克儉。克順克從。相其夫于偉業矣。能爲良母。必爲賢妻。能爲賢妻。必爲良母也。取妻如公父文伯之母者可矣。

第五章　君臣

第一節　君臣之關係

一　元首與股肱

齊景公問政于孔子。孔子對曰。君君臣臣。父父子子。公曰善哉。信如君不君。臣不臣。父不父。子不子。雖有粟。吾得而食諸。此言何謂也。君臣之關係亂。則政事廢。而國將不國也。故君臣關係。不可不明也。

何謂君。執掌一國之政事者也。何謂臣。佐此執政以處理國事者也。故凡執掌一國之政事者。無論其爲一人。或一集團。皆君也。而佐此一人或一集團以處理一切政務者。皆臣也。明乎此。而後可以言君臣。

中國言君臣關係之最古者。當推尙書。皐陶謨曰。帝曰。吁。臣哉鄰哉。鄰哉臣哉。禹曰。兪。帝曰。臣作朕股肱耳目。予欲左右有民。汝翼。予欲宣力四方。汝爲。故虞舜之歌曰。股肱喜哉。元首起哉。百工熙哉。皐陶之歌曰。元首明哉。股肱良哉。庶事康哉。又歌曰。元首叢脞哉。股肱墮哉。萬事墮哉。故當是時也。君臣一體。君明臣良。君令臣行。如臂之使肘。

肘之使掌。萬事皆理。

殷高宗之命傅說也。曰惟后非賢不乂。惟賢非后不食。又曰。若金。用汝作礪。若濟巨川。用汝作舟楫。若歲大旱。用汝作霖雨。啓乃心。沃朕心。若藥弗瞑眩。厥疾弗瘳。若跣弗視地。厥足用傷。是君臣之關係。已不祇若堯舜時之親密。然人君之施設。固未嘗不有待于人臣也。乾九五之文言曰。飛龍在天。利見大人。何謂也。子曰。同聲相應。同氣相求。水流濕。火就燥。雲從龍。風從虎。聖人作而萬物覩。本乎天者親上。本乎地者親下。則各從其類也。是君明則賢者趨之也。其上九曰。亢龍有悔。何謂也。子曰。貴而无位。高而无民。賢人在下位而无輔。是以動而有悔也。是居上驕則賢人隱也。是君臣關係愈疏也。

迨及戰國。人君更作福作威。侮慢自賢。故孟子見齊宣王而喻之曰。爲巨室。則必使工師求大木。工師得大木。則王喜。以爲能勝其任矣。匠人斵而小之。則王怒。以爲不勝其任矣。夫人幼而學之，壯而欲行之。王曰姑舍女所學而從我。則何如。今有璞玉于斯。雖萬鎰必使玉人彫琢之。至于治國家。則曰姑舍汝所學。而從我。則何以異于教玉人彫琢玉哉。此時人君作威作福之姿態。蓋已視其臣爲僱傭矣。君視臣爲僱傭。則賢者孰肯爲之臣也。故孟子告齊宣王曰。君之視臣如手足。則臣視君如腹心。君之視臣如犬馬。則臣視君如國人。君之視臣如草芥。則臣視君如寇讎。王曰。禮爲舊君有服。何如斯可爲之服矣。曰。諫行言聽。膏澤下于民。有故而去。則君使人導之出疆。又先之于其所往。去三年不反。然後收其田里。此之謂三有禮焉。

今也爲臣。諫則不行。言則不聽。膏澤不下于民。有故而去。則君使人搏執之。又極之于其所往。去之日。遂收其田里。此之謂寇讎。寇讎何服之有。故君臣之關係。孟子可謂已剴切陳之矣。故孟子曰。無罪而殺士。則大夫可以去。無罪而戮民。則士可以徙。

二　志同道合

然則君之所以任是臣。臣之所以事是君者。豈不以志同而道合哉。志同道合。則所謂元首股肱矣。手足腹心矣。志不同道不合。則不相爲謀矣。草芥寇讎矣。其徒以哺啜而苟合者。非君臣也。財主傭奴耳。故曲禮曰。道合則服從。不可則去。

然則所謂道者何也。皋陶謨曰。無教逸欲有邦。兢兢業業。一日二日萬幾。無曠庶官。天工人其代之。又曰慎乃在位。安汝止。惟幾惟康。其弼直。惟動丕應徯志。以昭受上帝。天其申命用休。大禹謨曰。后克艱厥后。臣克艱厥臣。政乃乂。黎民敏德。然則君臣之相合。豈非以兢兢業業。共代天工。以乂庶政。以康黎民哉。故說命曰。明王奉若天道。建邦設都。樹侯王君公。承以大夫師長。不惟逸豫。惟以亂民。故康乂黎民。乃君臣關係之所由發生也。臣之事君。以君之志在康乂黎民也。君之使臣。以臣有康乂黎民之德之才而任之也。故曰昔先正保衡。作我先王。乃曰。予弗克俾厥后爲堯舜。其心愧恥。若撻于市。一夫不獲。乃曰時予之辜。佑我烈祖。格于皇天。又曰。惟曁乃僚。罔不同心。以匡乃辟。俾奉先王。迪我高后。以康兆民。是君臣之相合。皆有共同之目的。皆孜孜焉以安民治國爲事者也。

故定公問一言而可以興邦有諸。孔子對曰。言不可以若是其幾也。人之言曰。爲君難。爲臣亦不易。如知爲君之難也。不幾乎一言而興邦乎。曰一言而喪邦有諸。孔子對曰。言不可以若是其幾也。人之言曰。予無樂乎爲君。唯其言而莫予違也。如其善而莫之違也。不亦善乎。如不善而莫之違也。不幾乎一言而喪邦乎。是邦之興也。君臣皆有共同之目的。皆以政事爲難。而孜孜焉思有以爲之也。皋陶謨曰。同寅協恭和衷哉。謂一心一德。以處理國事也。此君臣關係之所由生也。

第二節　君臣相處之道

一　使臣以禮

伊尹謂太甲曰。德惟治。否德亂。與治同道罔不興。與亂同事罔不亡。終始慎厥與。惟明明后。此言何謂也。謂君之任臣。不可不愼也。孔子曰。鄙夫可與事君也與哉。其未得之也。患得之。旣得之。患失之。苟患失之。無所不至矣。爲人臣者。而以一己爲本位。患得患失。無所不至。國家焉有不分崩離析。而滅亡者乎。故伊尹謂太甲曰。君罔以辯言亂舊政。臣罔以寵利居成功。蓋患得患失之臣。鮮有不以辯言徼幸。而以寵利自居者。君人者不以辯言亂舊政。則否德之人。無由得進矣。此任臣之方也。

然則君臣相處之道如何。孔子謂魯定公曰。君使臣以禮。臣事君以忠。何謂君使臣以禮。伊尹告太甲白。奉先思孝。接下思恭。視遠惟明。聽德惟聰。又曰。先王肇修人紀。從諫弗咈。先民時若。說命曰。朝夕納誨。以輔台德。又曰。予違汝弼。汝無面從。退有後言。欽四鄰。是恭以接下。聽以聽諫。君之禮也。緇衣曰。大臣不親。百姓不甯。則忠敬不足而富貴已過也。大臣不治。而邇臣比矣。故大臣不可不敬也。是民之表也。邇臣不可不愼也。是民之道也。君毋以小謀大。毋以遠言近。毋以內圖外。則大臣不怨。邇臣不疾。而遠臣不蔽矣。毋以小謀大。毋以遠言近。毋以內圖外。是君之禮也。子張問明。子曰浸潤之譖。膚受之愬不行焉。可謂明也已矣。浸潤之譖。膚受之愬不行焉。可謂遠也已矣。浸潤之譖。膚受之愬。不行。則不以小謀大，不以遠言近。不以內圖外矣。是君之禮也。大禹謨曰。任賢勿貳。任賢勿貳。所以尊賢也。中庸記孔子答哀公之問政也。曰。尊賢也。親親也。敬大臣也。體羣臣也。尊賢則不惑。親親則諸父昆弟不怨。敬大臣則不眩。體羣臣則士之報禮重。去讒遠色。賤貨而貴德。所以勸賢也。尊其位。重其祿。同其所好惡。所以勸親親也。官盛任使。所以勸大臣也。忠信重祿。所以勸士也。是皆君之禮也。

二　事君以忠

何謂臣事君以忠。曾子曰。可以托六尺之孤。可以寄百里之命。臨大節。而不可奪者。君子人與。君子人也。夫曾子何爲而稱道之也。曲禮曰。四郊多壘。此卿大夫之辱也。地廣大荒而不治。此亦士之辱也。食其祿而不能事其事也。可以托六尺之孤。可以寄百里之命。則鞠躬盡瘁。以事其事也。故檀弓曰。謀人之軍。師敗則死之。謀人之邦。邑危則亡之。表記曰。事君。軍旅不避難。朝廷不辭賤。處其位而不履其事。則亂也。故君使其臣。得志則愼慮而從之。否則孰慮而從之。終事而退。臣之厚也。臣之忠也。

論語子路問事君。子曰勿欺也。而犯之。君有過則諫。有犯而無隱。以全君之德。以善國之政。己之得失。非所計也。是臣之忠也。若長君之惡。逢君之惡。則棄于孔子者也。論語曰。季氏將伐顓臾。冉有季路見于孔子曰。季氏將有事于顓臾。孔子曰。求。無乃爾是過與。夫顓臾昔者先王以爲東蒙主。且在邦域之中矣。是社稷之臣也。何以伐爲。冉有曰。夫子欲之。吾二臣者。皆不欲也。孔子曰。求。周任有言曰。陳力就列。不能者止。危而不持。顚而不扶。則將焉用彼相矣。且爾言過矣。虎兕出于柙。龜玉毀于櫝中。是誰之過與。冉有之過。固不僅伐顓臾一事也。孟子曰。求也。爲季氏宰。無能改于其德。而賦粟倍他日。孔子曰。求非吾徒也。小子鳴鼓而攻之可也。以其君有過而逢長之。是不忠也。忠者。君有過則諫也。

齊宣王問卿。孟子曰。王何卿之問也。王曰。卿不同乎。曰。不同。有貴戚之卿。有異姓之卿。王曰。請問貴戚之卿。曰。君有大過則諫。反復之而不聽。則易位。王勃然變乎色。曰。王勿異也。王問臣。臣不敢不以正對。王色定。然後請問異姓之卿。曰。君有過則諫。反復之而不聽則去。異姓與貴戚所以不同者。親疎關係異也。疎而易位則有簒弑之嫌矣。親而不易位。則無以對先王之靈矣。要皆各盡其忠悃而已。孟子曰。詩曰。天之方蹶。無然泄泄。泄泄猶沓沓也。事君無義。進退無禮。言則非先王之道者。猶沓沓也。故曰。責難于君謂之恭。陳善閉邪謂之敬。吾君不能謂之賊。事君欲諫亦致其恭敬而已。

儒行曰。儒有不寶金玉。而忠信以爲寶。不祈土地。立義以爲土地。不祈多積。多文以爲富。難得而易祿也。易祿而難畜也。非時不見。不亦難得乎。非義不合。不亦難畜乎。先勞而後祿。不亦易祿乎。難得而易祿。易祿而難畜。是臣之忠也。

三　君仁

君使臣以禮。臣事君以忠。君臣之道可謂具其大體矣。雖然。猶有未盡焉。大學曰。詩曰。穆穆文王。於緝熙敬止。爲人君。止于仁。爲人臣。止于敬。所謂止于仁者何也。伊訓曰。居上克明。爲下克忠。與人不求備。檢身若不及。孔子曰。君子易事而難悅也。說之不以道不說也。及其使人也器之。小人難事而易說也。說之雖不以道說也。及其使人也。求備焉。易事而不求備。是君之仁也。所謂不求備者何也。禮運曰。用人之知去其詐。用人之勇去其怒。用人之仁去其貪。仲弓問政。子曰。先有司。赦小過。舉賢才。先有司。赦小過。不求備于一人也。是君之仁也。

湯誥曰。爾有善。朕弗敢蔽。罪當朕躬。弗敢自赦。惟簡在上帝之心。其爾萬方有罪。在予一人。予一人有罪。無以爾萬方。此寬身之仁也。孔子曰。居上不寬。爲禮不敬。臨喪不哀。吾何以觀之哉。居上不寬。其將何以容民畜衆邪。故孔子曰。雍也可使南面。仲弓問子桑伯子。

子曰可也簡。仲弓曰。居敬而行簡。以臨其民。不亦可乎。居簡而行簡。無乃太簡乎。子曰。雍之言然。皋陶曰。寬而栗。居敬而行簡也。寬而能敬。則從容而不侵矣。易傳曰。乾以易知。坤以簡能。易則易知。簡則易從。易知則有親。易從則有功。有親則可久。有功則可大。可久則賢人之德。可大則賢人之業。易簡而天下之理得矣。天下之理得。而位成乎其中矣。簡易以臨臣下。君人者之道也。

四　臣敬

所謂爲人臣止于敬者何也。表記曰。事君遠而諫則諂也。近而不諫則尸利也。故諫當處其位也。又曰。事君欲諫不欲陳。不願彰君之過也。故坊記曰。善則稱君。過則稱己。是忠厚之至也。孔子曰。事君數斯辱矣。又曰。事君盡禮。人以爲諂也。君子皆遠之。所以全敬也。表記曰。事君難進而易退。則位有序。易進而難退。則亂也。故君子三揖而進。一辭而退。以遠亂也。事君可貴可賤。可富可貧。可生可殺。而不可使爲亂。故坊記曰。君子辭貴不辭賤。辭富不辭貧。則亂益亡。故君子與其使食浮于人也。甯使人浮于食。君人進以禮。退以義。道合則服從。不可則去。不干祿以逢君之惡。不數陳以彰君之過。是臣之敬也。

生民之詩曰。假樂君子。顯顯令德。宜民宜人。受祿于天。保佑命之。自天申之。千祿百福。子孫千億。穆穆皇皇。宜君宜王。不愆不忘。率由舊章。威儀抑抑。德音秩秩。無怨無惡。率由羣匹。受祿無疆。四方之綱。之綱之紀。燕及朋友。百辟卿士。媚于天子。不解于位。民之攸塈。是君能行其仁守其禮也。

烝民之詩曰。仲山甫之德。柔嘉維則。令儀令色。小心翼翼。古訓是式。威儀是力。天子是若。明命是賦。王命仲山甫。式是百辟。纘戎祖考。王躬是保。出納王命。王之喉舌。敷政于外。四方爰發。肅肅王命。仲山甫將之。邦國若否。仲山甫明之。旣明且哲。以保其身。夙夜匪解。以事一人。人亦有言。柔則茹之。剛則吐之。維仲山甫。柔亦不茹。剛亦不吐。不侮矜寡。不畏強禦。人亦有言。德輶如毛。民鮮克舉之。我儀圖之。維仲山甫舉之。愛莫助之。袞職有闕。維仲山甫補之。是臣能盡其忠致其敬也。君君臣臣。政事焉有不治理者。故曰民之攸塈。愛莫助之也。

爲人臣而能致其忠敬者。當推周公。尙書金縢篇曰。

武王旣克商二年。王有疾弗豫。二公曰。我其爲王穆卜。周公曰。未可以戚我先王。公乃自以爲功。……乃告太王王季文王。史乃祝册曰。惟爾元孫某。遘厲虐疾。若爾三王。是有丕子之責于天。以旦代某之身。予仁若考。能多材多藝。能事鬼神。乃元孫不若旦多材多藝。不能事鬼神。乃命于帝庭。敷佑四方。用能定爾子孫于下地。四方之民。罔不祗畏。嗚呼。無墜天之降寶命。我先王亦永有依歸。……公歸乃納册于金縢之匱中。

武王旣喪。管叔及其羣弟。乃流言于國曰。公將不利于孺子。周公乃告二公曰。我之弗辟。我無以告我先王。周公居東二年。則罪人斯得。于後公乃爲詩以貽王。名之曰鴟鴞。王亦未敢誚公。秋大熟。未獲。天大雷電以風。禾盡偃。大木斯拔。邦人大恐。王與大夫盡弁。以啓金縢之書。乃得周公所自以爲功。代武王之說。二公及王乃問諸史及百執事。對曰。信。噫。公命我弗敢言。王執書以泣。曰。其勿穆卜。昔公勤勞王家。惟予冲人弗及知。今天動威。以彰周公之德。惟朕小子其新逆。我國家禮亦宜之。

周公之盡瘁國事。不以罷利居成功。可謂至矣。其鴟鴞之詩曰。

鴟鴞鴟鴞。既取我子。無毀我室。恩斯勤斯。鬻子之閔斯。迨天之未陰雨。徹彼桑土。綢繆牖戶。今此下民。或敢侮予。予手拮据。予所捋荼。予所畜租。予口卒瘏。曰予未有室家。 予羽譙譙。予尾翛翛。予室翹翹。風雨所飄搖。予維音嘵嘵。

吾人讀此詩。則當管蔡之亂。周公之憂深慮遠。思有以定天下而安王室者。蓋已情見乎辭。是忠悃之至也。

君子之仕也。行其義也。故道合則服從。不可則去。古之人有行之者。孟子是也。孟子以諫于齊王而不能用。致爲臣而歸。王就見孟子曰。前日願見。而不可得。得侍同朝甚喜。今又棄寡人而歸。不識可以繼此而得見乎。對曰不敢請耳。固所願也。他日王謂時子曰。我欲中國而授孟子室。養弟子以萬鍾。使諸大夫國人。皆有所矜式。子盍爲我言之。時子因陳子以告孟子。孟子曰然。夫時子惡知其不可也。如使予欲富。辭十萬而授萬。是爲欲富乎。季孫曰異哉。子叔疑。使已爲政。不用則亦已矣。又使其子弟爲卿相。人亦孰不欲富貴。而獨于富貴之中。

有私壟斷焉。古之爲市者。以其所有。易其所無者。有司者治之耳。有賤丈夫焉。必求壟斷而登之。以左右望。而罔市利。人皆以爲賤。故從而征之。征商自此賤丈夫始矣。故君子之致仕也。非爲利祿也。道之不行也。立乎人之本朝。而道不行。君子所深引以爲恥也。

第六章 朋友

第一節 擇交

伊尹告太甲曰。德惟治。否德亂。與治同道罔不興。與亂同事罔不亡。終始愼厥與。非獨君臣爲然也。朋友亦如之。故墨子所染篇。墨子言見染絲者而歎曰。染于蒼則蒼。染于黃則黃。所入者變。其色亦變。五入而已則爲五色矣。故染不可不愼也。……非獨國有染也。士亦有染。其友皆好仁義淳謹畏令。則家日益。身日安。名日榮。處官得其理矣。則段干木禽子傅說之徒是也。其友皆好矜奓創作比周。則家日損。身日危。名日辱。處官失其理矣。則子西易牙豎刁之徒是也。

荀子勸學篇曰。君子居必擇鄉。遊必就士。所以防邪僻而近中正也。物類之起。必有所始。榮辱之來。必象其德。肉腐出蟲。魚枯生蠹。怠慢忘身。禍災乃作。強自取柱。柔自取束。邪穢在身。怨之所構。施薪若一。火就燥也。平地若一。水就濕也。草木疇生。禽獸羣焉。物各從其類也。是故質的張而弓矢至焉。林木茂而斧斤至焉。樹成蔭而衆鳥息焉。醯酸而蜹聚焉。故言有招禍焉。行有招辱焉。君子愼其所立乎。是故君子惡居下流。天下之惡皆歸之。故交友不可不愼也。

然則擇交將何如乎。子貢問曰。鄉人皆好之何如。子曰未可也。鄉人皆惡之何如。子曰未可也。不如鄉人之善者好之。其不善者惡之。所謂善者又何如乎。其必曰仁矣。子貢問仁。子曰工欲善其事。必先利其器。居是邦也。事其大夫之賢者。友其士之仁者。何以知其仁也。子曰人之過也。各于其黨。觀過斯知仁矣。雖然。天下之善人少。未必人人皆仁也。然則如之何。子曰。不得中行而與之。必也狂狷乎。狂者進取。狷者有所不爲也。狂狷又不可得則如之何。子曰。益者三友。損者三友。友直友諒友多聞益矣。友便僻友善柔友便佞損矣。直諒多聞。又不可得。則如之何。子曰。三人行必有我師焉。擇其善者而從之。其不善者而改之。故曰見賢思齊焉。見不賢而內自省也。

天下之人所不可與交者。諂諛之人而已。荀子修身篇曰。以善先人者謂之教。以善和人者謂之順。以不善先人者謂之諂。以不善和人者謂之諛。是是非非謂之知。非是是非謂之愚。傷良曰殘。害良曰賊。是謂是非謂非曰直。竊貨曰盜。匿行曰詐。易言曰誕。趣合無定。謂之無常。保利非義。謂之至賊。多聞曰博。少聞曰淺。多見曰閑。少見曰陋。以善先人。以善和人。是是非非。多聞多見。皆孔子所謂益友也。諂諛殘賊。詐僞無常之人。皆不仁之人也。是擇交之大端也。皆以德之善否爲準則也。非謂才也。孔子曰。主忠信。無友不如己者。旣曰主忠信矣。則所謂不如己者。亦必謂德也明矣。故孔子曰。德不孤。必有鄰。又曰。十室之邑。必有忠信如丘者焉。忠信有德之人。皆可以爲友也。孟子謂萬章曰。一鄉之善士。斯友一鄉之善士。一國之善士。斯友一國之善士。天下之善士。斯友天下之善士。亦皆以善爲主也。非謂才也。擇交而以才爲準則。是有所挾也。論語子夏之門人。問交于子張。子張曰。子夏云何。對曰。子夏曰。可者與之。其不可者拒之。子張曰。異乎吾所聞。君子尊賢而容衆。嘉善而矜不能。我之大賢與。于人何所不容。我之不賢與。人將拒我。如之何其拒人也。尊賢而容衆。嘉善而矜不能。子張論交友之道。可謂推己及人。盡忠恕之道矣。

非特才不可以有挾也。萬章問友。孟子曰。不挾長。不挾貴。不挾兄弟而友。友也者。友其德也。不可以有挾也。孟獻子百乘之家也。有友五人焉。樂正裘。牧仲。其三人則予忘之矣。獻子之與五人者友也。無獻子之家者也。此五人者。亦有獻子之家。則不與之友矣。非惟百乘之家惟然也。雖小國之君亦有之。費惠公曰。吾于子思則師之矣。吾于顏般則友之矣。王順長息則事我者也。非惟小國之君爲然也。雖大國之君亦有之。晉平公之于亥唐也。入云則入。坐云則坐。食云則食。雖疏食菜羹。未嘗不飽。蓋不敢不飽也。是不挾貴也。越謠歌曰。君乘車。我戴笠。他日相逢下車揖。君担簦。我跨馬。他日下逢爲君下。是亦不挾貴也。

第二節　交友之道

友也者。友其德也。友其仁也。友其直諒多聞也。以其爲善人而友之也。既以爲善人而友之矣。則當以善相規勉也。故易兌之象曰。麗澤兌。君子以朋友講習。論語曰。君子以文會友。以友輔仁。儒行曰。儒有聞善以相告也。見善以相示也。爵位相先也。患難相死也。久相待也。遠相致也。是交友之道也。

然則何如而可以維持此友誼于不墮乎。大學曰。與國人交止于信。曾子曰。吾日三省吾身。爲人謀而不忠乎。與朋友交而不信乎。孔子曰。主忠信。毋友不如己者。又曰。人而無信。不知其可也。大車無輗。小車無軏。其何以行之哉。故忠信者。交友之道之一端也。

孟子曰。恭者不侮人。儉者不奪人。又曰。愛人者人恒愛之。敬人者人恒敬之。人類一切關係。無不賴愛敬以維持之者。以羞惡之心。人皆有之也。故子貢問友。子曰忠告而善道之。不可則止。毋自辱焉。所以然者何也。曰。朋友數斯疏矣。故曰。人之患在好爲人師。以其不恭也。曲禮曰。賢者狎而敬之。畏而愛之。愛而知其惡。憎而知其善。此可謂善交友者矣。孔子曰。晏平仲善與人交。以其久而敬之也。

善交友者。莫如能讓。能讓則不爭。不爭則無怨惡矣。無怨惡則交可久矣。故坊記曰。善則稱人。過則稱己。則民不爭。善則稱人。過則稱己。則怨益亡。

子貢問孔子曰。有一言而可以終身行之者乎。子曰。其恕乎。己所不欲。勿施于人。己所不欲。勿施于人。則人誰得而怨惡之。所謂己所不欲。勿施于人者何也。曲禮曰。君子不盡人之歡。不竭人之忠。以全交也。表記曰。君子不以辭盡人。是故君子于有喪者之側。不能賻焉。

不問其所費。于有病者之側。不能饋焉。不問其所欲。有客不能館。不問其所舍。故君子之接如水。小人之接如醴。君子淡以成。小人甘以壞。情疏而貌親。知人困乏而弗與。非忠恕之道也。適足以招怨也。故表記曰。君子不以口譽人。則民作忠。故君子問人之寒則衣之。問人之飢則食之。稱人之美則爵之。國風曰。心之憂矣。于我歸說。子曰。口惠而實不至。怨菑及其身。是故君子與其有諾責也。甯有已怨。無怨則交可久矣。故忠恕也。信讓也。愛敬也。皆交友之道也。

自古言善交友者。莫如鮑叔。司馬遷撰史記曰。管仲夷吾者。潁上人也。少時常與鮑叔牙游。鮑叔知其賢。管仲貧困。常欺鮑叔。鮑叔終善遇之。不以爲言。已而鮑叔事齊公子小白。管仲事公子糾。及小白立爲桓公。公子糾死。管仲囚焉。鮑叔遂進管仲。管仲既用。任政于齊。齊桓公以霸。九合諸侯。一匡天下。管仲之謀也。管仲曰。吾始困時。嘗與鮑叔賈。分財利。多自與。鮑叔不以我爲貪。知我貧也。吾嘗爲鮑叔謀事。而更窮困。鮑叔不以我爲愚。知時有利不利也。吾嘗三仕三見逐于君。鮑叔不以我爲不肖。知我不遭時也。吾嘗三戰三走。鮑叔不以我爲怯。知我有老母也。公子糾敗。召忽死之。吾幽囚受辱。鮑叔不以我爲無恥。知我不羞小節。而恥功名不顯于天下也。生我者父母。知我者鮑子也。鮑叔既進管仲。以身下之。子孫世祿于齊。有封邑者十餘世。常爲名大夫。天下不多管仲之賢。而多鮑叔能知人也。

司馬遷記管仲之語。可謂一字一淚。而管仲之心。鮑叔所以善遇管仲之道。于此可以畢見矣。

如鮑叔者。眞可謂能盡忠恕信讓愛敬之道矣。可謂聞善相告。見善相示。爵祿相先。患難相死。久相待。遠相致者矣。雖然。自古及今。天下之鮑叔不多也。天下之管仲亦不多也。吾人而非管仲也。安可望人之爲鮑叔。吾人而爲管仲也。又安可望人之爲鮑叔。吾人交友。若能如鮑叔之交管仲則善矣。雖然。天下如管仲者亦不多也。然則如之何而可。曰。賢者狎而敬之。不肖者敬而遠之。忠信以交之。敬讓以結之。雖至絕交。不出惡聲。交友之道也。

鹿鳴之詩曰。伐木丁丁。鳥鳴嚶嚶。出自幽谷。遷于喬木。嚶其鳴矣。求其友聲。相彼鳥矣。猶求友生。矧伊人矣。不求友生。神之聽之。終和且平。伐木許許。釃酒有藇。既有肥羜。以速諸父。寗適不來。微我弗顧。于粲洒掃。陳饋八簋。既有肥牡。以速諸舅。寗適不來。微我有咎。小旻之詩曰。習習谷風。維風及雨。將恐將懼。維予與女。將安將樂。女轉棄予。習習谷風。維風及雨。將恐將懼。寘予于懷。將安將樂。棄予如遺。習習谷風。維山崔嵬。無草不死。無木不萎。忘我大德。思我小怨。

自古及今。我富貴也。而後可以言交友。伐木之詩是也。人富貴也。則莫望其交我也。谷風之詩是也。表記曰。無欲而好仁者。無畏而惡不仁者。天下一人而已矣。故君子以義度人。則難爲人。以人望人。則賢者可知已矣。吾人交友。但以人望人可矣。

第七章　積學

第一節　格物

子在川上曰。逝者如斯夫。不舍晝夜。孟子曰。原泉混混。不舍晝夜。盈科而後進。放乎四海。有本者如是。是之謂耳。若爲無本。七八月之間雨集。溝澮皆盈。其竭也可立而待也。故君子深造之以道。欲其自得之也。自得之則居之安。居之安。則資之深。資之深。則取之左右逢其源。故君子欲其自得之也。故立身之道首在積學。

大學曰。古之欲明明德于天下者。先治其國。欲治其國者。先齊其家。欲齊其家者。先脩其身。欲脩其身者。先正其心。欲正其心者。先誠其意。欲誠其意者。先致其知。致知在格物。今請先言格物。

何謂物。烝民之時曰。天生烝民。有物有則。孟子曰。有物必有則。故父子有親。君臣有義。夫婦有別。長幼有序。朋友有信是也。皋陶謨曰。天敍有典。勑我五典五惇哉。天秩有禮。自我五禮五庸哉。是所謂有物有則也。格物者。明此倫常日用之理而已。孔子曰。弟子入則孝。出則弟。謹而信。汎愛衆。而親仁。行有餘力。則以學文。子夏曰。賢賢易色。事父母。能竭其力。事君。能致其身。與朋友交。言而有信。雖曰未學。吾必謂之學矣。帝典曰。契。百姓不親。五品不遜。汝作司徒。敬敷五教在寬。是古之學也。教也。皆所以明倫理也。格物者。格此者也。致知者。由此以致其知也。倫理明。天爵尊。則意不期誠而自誠。心不期正而自正。身自修。家自齊。在位者能如此。則國自治而天下自平矣。

格物既在倫理矣。然則何自始。曰自小學始。易曰。蒙以養正聖功也。故內則曰。六年教之數與方名。七年男女不同席。不共食。八年出入門戶。及卽席飲食。必後長者。始教之讓。九年教之數日。十年出就外傅。學書計。衣不帛襦袴。禮師初朝夕。學幼儀。請肄簡諒。十有三年學樂。誦詩。舞勺。成童舞象。教射御。二十而冠。始學禮。可以衣裘帛。舞大夏。惇行孝弟。博學不教。內而不出。此小學之教之大略也。

曲禮曰。幼子常視勿誑。毋勦說。毋雷同。侍坐于先生。問焉。終則對。請業則起。請益則起。長者問。不辭讓而對。非禮也。長者不及。毋儳言。父召無諾。先生召無諾。唯而起。主人不問。客不先擧。尊客之前不叱狗。是皆教以發言之道。所謂非禮勿言也。

立必正方。不傾聽。正爾容。聽必恭。是皆教以聽言之道。所謂非禮勿聽也。

從于先生。不越路而與人言。遭先生于道。趨而進。正立拱手。先生與之言則對。不與之言則趨而退。將適舍。求毋固。將上堂。聲必揚。戶外有二屨。言聞則入。言不聞則不入。將入戶。視必下。入戶奉扃。視瞻毋回。戶開亦開。戶闔亦闔。有後入者。闔而毋遂。凡與客入者。每門讓于客。授立不坐。授坐不立。將卽席。容無怍。虛坐盡後。食坐盡前。坐必安。執爾顏。幷坐不橫肱。侍客于所尊敬。無餘席。見同等不起。當食不歎。臨樂不歎。此皆教以進退坐作周旋之道。所謂非禮勿動也。是故視聽言動。皆教之以敬。教之以讓。教之以敬讓。所以啓其恭敬辭讓之心也。恭敬之心禮也。辭讓之心義也。是教之以禮義也。

若夫男女不雜坐。不同椸枷。不同巾櫛。不親授。非喪非祭不相授器。其相授。則女受以篚。其無篚。則皆坐奠而後取之。叔嫂不通問。諸母不漱裳。外言不入于梱。內言不出于梱。男不言內。女不言外。是啓其羞惡之心也。登城不指。城上不呼。入竟而問禁。入國而問俗。入門而問諱。鄰有喪。舂不相。里有殯。不巷歌。入臨不翔。臨喪必有哀色。送喪不由徑。送葬不辟塗潦。助葬必執紼。執紼不笑。適墓不歌。適墓不登壟。是皆啓其同情之心也。啓其惻隱之心也。充其惻隱羞惡恭敬辭讓之心于父子人倫之間。是格物也。

第二節　致知

仁義禮知。是人之天爵也。故曰脩其天爵。自小學始也。雖然。玉不琢不成器。人不學不知道。故修其天爵。又有待于學也。孔子謂子路曰。由也。女聞六言六蔽矣乎。對曰未也。居。吾語女。好仁不好學。其蔽也愚。好知不好學。其蔽也蕩。好信不好學。其蔽也賊。好直不好學。其蔽也絞。好勇不好學。其蔽也亂。好剛不好學。其蔽也狂。學所以致知也。苟致其知。則無愚蕩賊絞狂亂之蔽矣。故學記曰。發慮憲。求善良。足以謏聞不足以動衆。就賢體遠。足以動衆。未足以化民。君子如欲化民成俗。其必由學乎。然則何由而致其學也。說命曰。人求多聞。時惟建事。學于古訓乃有獲。事不師古。而克永世。匪說攸聞。惟學遜志。務時敏。厥修乃來。允懷于茲。道集于厥躬。惟教學半。念始終典于學。厥德修罔覺。孔子曰。我非生而知之者。好古敏以求之者也。是所謂學者學于古也明矣。故大畜之象曰。天在山中。大畜。君子以多識前言往行。以畜其德。

詩也。禮也。文也。藝也。皆古訓也。皆前言往行之總匯也。故孔子曰。小子何莫學夫詩。詩可以興。可以觀。可以羣。可以怨。邇之事父。遠之事君。多識于鳥獸草木之名。謂伯魚曰。女爲周南召南已乎。人而不爲周南召南。其猶正牆面而立也與。所謂不學詩。則猶正牆面而立者何也。孔子曰。不學詩無以言。不學禮無以立。故曰。興于詩。立于禮。成于樂。是詩也。禮也。樂也。皆所以脩吾天爵也。抑不僅詩禮爲修學之方也。孔子嘗謂博學于文。約之以禮矣。又嘗謂志于道。據于德。依于仁。游于藝矣。是詩禮文藝皆學之範圍也。

一 篤志

然則何如而致力于學乎。中庸曰。博學之。審問之。愼思之。明辨之。篤行之。有弗學。學之弗能弗措也。有弗問。問之弗知弗錯也。有弗思。思之弗得弗措也。有弗辨。辨之弗明弗措也。有弗行。行之弗篤弗措也。人一能之。己百之。人十能之。己千之。苟能此道矣。雖愚必明。雖柔必強。是博學也。審問也。愼思也。明辨也。篤行也。皆學之方也。而其本。則在篤志。故曰。博學而篤志。篤志則不懈矣。

周頌之詩曰。維予小子。不聰敬止。日就月將。學有緝熙于光明。佛時仔肩。示我顯德行。日就月將。弗時仔肩。是不懈于學也。乾九三之文言曰。君子終日乾乾。夕惕若。厲无咎。何謂也。子曰。君子進德修業。忠信所以進德也。修辭立其誠。所以居業也。知至至之。可與言幾也。知終終之。可與存義也。其象曰。天行健。君子以自強不息。是亦不懈于學也。孔子曰。學如不及。猶恐失之。又曰發憤忘食。樂以忘憂。不知老之將至云爾。其積學不懈。有如是者。孔子曰。温故而知新。可以爲師矣。子夏曰。日知其所亡。月無忘其所能。可謂好學也已矣。日就月將也。知至知終也。自強不息也。温故和新也。皆篤志積學也。是博學之方也。

孟子曰。孔子登東山而小魯。登太山而小天下。故觀于海者難爲水。游于聖人之門者難爲言。觀水有術。必觀其瀾。日月有明。容光必照焉。流水之爲物也。不盈科不進。君子之志于道也。不成章不達。所謂不盈科不進者何也。徐子曰。仲尼亟稱于水曰。水哉水哉。何取于水也。孟子曰。原泉混混。不舍晝夜。盈科而後進。放乎四海。有本者如是。是之取耳。苟爲無本。七八月之間雨集。溝澮皆盈。其涸也。可立而待也。是無本之學也。安得博乎。故子在川上曰。逝者如斯夫。不舍晝夜。言其勿助勿忘。積漸而行也。孟子曰。無或乎王之不知也。雖有天下易生之物也。一日暴之。十日寒之。未有能生者也。吾見亦罕矣。吾退而寒之者至矣。

吾如有萌焉者何哉。今夫弈之爲數。小數也。不專心致志。則不得也。弈秋通國之善弈者也。使弈秋誨二人弈。其一人專心致志。惟弈秋之爲聽。一人雖聽之。一心以爲有鴻鵠將至。思援弓繳而射之。雖與之俱學。弗若之矣。爲是其知弗若與。曰非然也。志不篤也。

荀子勸學篇曰。積土成山。風雨興焉。積水成淵。蛟龍生焉。積善成德。而神明自得。聖心循焉。故不積蹞步。無以至千里。不積小流。無以成江海。騏驥一躍。不能十步。駑馬十駕。功在不舍。鍥而舍之。朽木不折。鍥而不舍。金石可鏤。螾無爪牙之利。筋骨之強。上食埃土。下飲黃泉。用心一也。蟹六跪而二螯。非虵蟺之穴。無可寄托者。用心躁也。是故無冥冥之志者。無昭昭之明。無惛惛之事者。無赫赫之功。行衢道者不至。事兩君者不容。目不兩視而明。耳不兩聽而聰。螣蛇無足而飛。梧鼠五技而窮。詩曰。尸鳩在桑。其子七兮。淑人君子。其儀一兮。其儀一兮。心如結兮。故君子結于一也。故曰。有弗學。學之弗能弗措也。

二 審問

仲虺之誥曰。能自得師者王。謂人莫己若者亡。好問則裕。自用則小。孔子曰。舜其大知也與。舜好問。而好察邇言。學之不足。則不得不問。乾九二之文言曰。君子學以聚之。問以辨之。寬以居之。仁以行之。學而弗問。則其意義莫得而明也。故孔子曰。德之不脩。學之不講。聞義不能徙。不善不能改。是吾憂也。學之不講。是不問也。中庸曰。博學之。審問之。又曰有弗問。問之弗知弗措也。學而弗問。猶弗知也。猶未學也。故子夏曰。博學而篤志。

切問而近思。問而曰審。而曰切。所以求眞知也。

三　愼思

有弗問。問之弗知則何如。曰愼思之。孟子曰。心之官則思。思則得之。不思則不得也。故大學曰。安而后能慮。慮而后能得。說命曰。弗思胡獲。弗爲胡成。此言不思則不得也。雖然。思與學不可離也。思而不學。何所思也。學而不思。猶弗學也。孔子曰。學而不思則罔。思而不學則殆。又曰。吾嘗終日不食。終夜不寢。以思。無益。不如學也。

四　明辨

有弗思。思之弗得。則何如。曰明辨之。明辨之。所以達其意也。咸丘蒙問于孟子曰。詩云。普天之下。莫非王土。率土之濱。莫非王臣。而舜旣爲天子矣。敢問瞽瞍之非臣如何。孟子曰。是詩也。非是之謂也。勞于王事。而不得養于父母也。曰此莫非王事。我獨賢勞也。故說詩者。不以文害辭。不以辭害意。以意逆志。是爲得之。如以辭而已矣。雲漢之詩曰。周餘黎民。靡有孑遺。信斯言也。是周無遺民也。此讀書者。當明辯其意也。孟子曰。盡信書。則不如無書。吾于武成。取二三策而已矣。仁人無敵于天下。以至仁伐至不仁。而何其血之流杵也。夫孟子何以不信血之流杵也。牧誓曰。今日之事。不愆于四伐五伐六伐七伐乃止齊焉。又曰。于商郊弗迓克奔。以役西土。勖哉夫子。爾所不勖。其于爾躬有戮。以是知血之流杵之非眞也。此以情度理。可明辨書之眞僞也。

檀弓。有子問于曾子曰。問喪于夫子乎。曰聞之矣。喪欲速貧。死欲速朽。有子曰。是非君子之言也。曾子曰。參也與子游聞之。有子曰。然。然則夫子有爲言之也。曾子以斯言告于子游。子游曰。甚哉。有子之言似夫子也。昔者夫子居于宋。見桓司馬自爲石椁。三年而不成。夫子曰。若是其靡也。死不如速朽之愈也。死之欲速朽。爲桓司馬言之也。南宮敬叔反。必載寶而朝。夫子曰。若是其貨也。喪不如速貧之愈也。喪之欲速貧。爲敬叔言之也。曾子以子游之言告于有子。有子曰然。吾固曰非夫子之言也。曾子曰。何以知之。有子曰。夫子制于中都。四寸之棺。五寸之椁。以斯知不欲速朽也。昔者夫子失魯司寇。將之荊。蓋先之以子夏。又申之以冉有。以斯知不欲速貧也。是讀書當明辨其背景也。

讀書而不明辨其背景。不明辨其眞僞。不明辨其意志。拘泥于文字之表面。而不能深造自得。猶之未學也。故孔子曰。入其國。其教可知也。其爲人也溫柔敦厚。詩教也。疏通知遠。書教也。絜靜精微。易教也。恭儉莊敬。禮教也。屬辭比事。春秋教也。故詩之失愚。書之失誣。樂之失奢。易之失賊。禮之失煩。春秋之失亂。其爲人也。溫柔敦厚而不愚。則深于詩者也。疏通知遠而不誣。則深于書者也。廣博易良而不奢。則深于樂者也。絜靜精微而不賊。則深于易者也。屬辭比事而不煩。則深于春秋者也。此所謂善讀書者也。孟子曰。誦其詩。讀其書。不知其人可乎。是以論其世也。論其世則深于文字之裏。而不拘于其表也。是善致其知也。

五　篤行

雜記曰。君子有三患。未之聞。患弗得聞也。既聞之。患弗得學也。既學之。患弗得行也。孔子曰。德之不修。學之不講。聞義不能徙。不善不能改。是吾憂也。學者知之而不能行。見善而不能遷。知過而不能改。所學何爲也。是孔子所以憂也。子曰。已矣乎。吾未見能見其過。而內自省者也。又曰。過而不改。是爲過矣。哀公問弟子。孰爲好學。孔子對曰。有顏回者好學。不遷怒。不貳過。不幸短命死矣。今也則亡。未聞好學者也。學者一方面固當改過遷善。一方面又當用其所學。孔子曰。誦詩三百。授之以政。不達。使于四方。不能專對。雖多亦奚以爲。故學貴乎善用之。善行之也。荀子勸學篇曰。君子之學也。入乎耳。著乎心。布乎四體。形乎動靜。端而言。蝡而動。一可以爲法則。小人之學也。入乎耳。出乎口。口耳之間。則四寸耳。曷足以美其七尺之軀哉。故曰。古之學者爲己。今之學者爲人。爲己者。將以篤行其所學也。爲人者。則入乎耳而出乎口耳。故曲禮曰。博聞強識而讓。敦善行而不怠。謂之君子。孟子曰。君子深造之以道。欲其自得之也。自得之則居之安。居之安則資之深。資之深則取之左右逢其源。故君子欲其自得之也。自得之則盡致知之能事矣。其道則在博學審問愼思明辨篤行也。

六　教學

夫學既有待於問矣。問者教之所由生也。何由而可以言教也。學記曰。大學之法。禁于未發之謂豫。當其可之謂時。不陵節而施之謂孫。相觀而善之謂摩。此四者。教之所由興也。發然後禁。則扞格而不勝。時過而後學。則勤苦而難成。雜施而不孫。則壞亂而不修。獨學而無友。則孤陋而寡聞。燕朋逆其師。燕辟廢其學。此六者。教之所由廢也。君子既知教之所由興。又知教之所由廢。然後可以爲人師也。故君子之教喻也。道而不牽。強而弗抑。開而弗達。道而弗牽則和。強而弗抑則易。開而弗達則思。和易以思。可謂善喻矣。學者有四失。教者必知之。人之學也。或失則多。或失則寡。或失則易。或失則止。此四者。心之莫同也。知其心。然後能救其失也。教也者。長善而救其失者也。善歌者使人繼其聲。善教者使人繼其志。其言也約而達。微而臧。罕譬而喻。可謂繼志矣。

善學者。師逸而功倍。又從而庸之。不善學者。師勤而功半。又從而怨之。善問者。如攻堅木。先其易者。後其節目。及其久也。相悅以解。不善問者。反此。善待問者如撞鐘。叩之以小者則小鳴。叩之以大者則大鳴。待其從容。然後盡其聲。不善答問者反此。此皆進學之道也。記問之學。不足以爲人師。必也其聽語乎。力不能問。然後語之。語之而不知。雖舍之可也。此教學之方也。

孔子曰。不憤不啓。不悱不發。舉一隅不以三隅反。則不復也。所謂道而弗牽。強而弗抑。開而弗達是也。

第八章　敦禮

大學曰。物格而后知至。知至而后意誠。意誠而后心正。心正而后身修。中庸曰。修身以道。修道以仁。顏淵問爲仁。子曰克己復禮爲仁。一日克己復禮。天下歸仁焉。爲仁由己。而由人乎哉。顏淵曰。請問其目。子曰非禮勿視。非禮勿聽。非禮勿言。非禮勿動。視聽言動。一循于理。可以爲仁矣。是修身之要道也。所謂視聽言動。一循于理者何也。孔子曰。君子有九思。視思明、聽思聰。色思溫。貌思恭。言思忠。事思敬。疑思問。忿思難。見得思義。視明則辨于禮矣。聽聰則別于禮矣。言忠則無非禮之言矣。事敬則無非禮之動矣。視聽言動。容貌周旋。悉中于禮。然後吾身可立于世。故曰。立于禮也。表記曰。君子莊敬曰強。安肆曰偸。君子不以一日。使其身儳焉如不終日。所以敦禮以立身也。故孔子曰。不知禮無以立也。積以修其內。敦禮以正其外。內充沛而外肅穆。人之道也。故敦禮當自視聽言動貌五端致力焉。

第一節　視

洪範曰。視作明。明作哲。何謂明。益之象曰。風雷益。君子以見善則遷。有過則改。孔子曰見賢思齊焉。見不賢而內自省也。是明于善惡是非之辨也。明于善惡是非之辨。則不縱耳目之欲矣。不縱耳目之欲。則清明在躬。心廣體胖矣。故旅獒曰。不役耳目。百度維貞。此明于視己也。孔子曰。視其所以。觀其所由。察其所安。人焉廋哉。人焉廋哉。又曰。巧言令色足恭。左丘明恥之。丘亦恥之。匿怨而友其人。左丘明恥之。丘亦恥之。又曰色厲而內荏。譬諸小人。其猶穿窬之盜也與。孟子曰。存乎人者。莫良于眸子。眸子不能掩其惡。胸中正。則眸子瞭焉。胸中不正。則眸子眊焉。聽其言也。觀其眸子。人焉廋哉。此明于觀人也。論語曰。色斯舉矣。翔而後集。子曰山梁之雌。時哉時哉。子路拱之。三嗅而作。易傳曰。夫易聖人之所以極深而研幾也。唯深也。故能通天下之志。唯幾也。故能成天下之務。唯神也。故不疾而速。不行而至。又曰幾者動之微。吉之先見者也。君子見幾而作。不俟終日。易曰。介于石。不終日。貞吉。介如石焉。甯用終日。斷可識矣。君子知微知章。知柔知剛。萬夫之望。是明于視事也。禮以正己。禮以衡人。禮以決事。明其目而視之。善惡是非吉凶之辨。均無得而匿焉。故曰明作哲也。

第二節　聽

洪範曰。聽曰聰。聰作謀。何謂聰。大禹謨曰。無稽之言弗聽。弗詢之謀勿庸。伊尹謂太甲曰。有言逆于汝心。必求諸道。有言遜于汝志。必求諸非道。聽而察其是非善惡之辨。不爲人己之見所蔽。是聰也。是聽于己之聽也。易傳曰。將叛者其辭慙。中心疑者其辭枝。吉人之辭寡。躁人之辭多。失其守者其辭詘。孟子曰。詖辭知其所蔽。淫辭知其所陷。邪辭知其所離。遁辭知其所窮。是聽其言而可以別人之善惡是非也。孟子曰。左右皆曰賢。未可也。諸大夫皆曰賢。未可也。國人皆曰賢。然後察之。見賢焉。然後用之。左右皆曰不可。勿聽。諸大夫皆曰不可。勿聽。國人皆曰不可。然後察之。見不可焉。然後去之。左右皆曰可殺。勿聽。諸大夫皆曰可殺。勿聽。國人皆曰可殺。然後察之。見可殺焉。然後殺之。故曰。國人殺之也。如此然後可以爲民父母。是愼以聽人也。愼以聽人。則聽不爲所蔽。而善惡是非之眞相得矣。以禮正己之聽。則己之善惡是非辨而無失矣。以禮判人之言。則人之善惡是非辨。而不爲所蔽矣。故以禮聽則聰。聽則可以決事。故曰聽作謀也。

第三節　言

尙書曰。惟口出好興戎。又曰。惟口起羞。惟甲冑起戎。詩曰。無易由言。無曰苟矣。莫捫朕舌。言不可逝矣。無言不讎。無德不報。大學曰。言悖而出者。亦悖而入。貨悖而入者。亦悖而出。孟子曰。言人之不善。當如後患何。言之不可不愼也。如此。所以然者何也。節之初九曰。不出戶庭无咎。子曰亂之所生也。則言語以爲階。君不密則失臣。臣不密則失身。幾事不密則害成。是以君子愼密而不出也。

中孚之九二曰。鳴鶴在陰。其子和之。我有好爵。吾與爾靡之。子曰。君子居其室。出其言善。則千里之外應之。況其邇者乎。居其室。出其言不善。則千里之外違之。況其邇者乎。言行君子之樞機。樞機之發。榮辱之主也。言行君子之所以動天地也。可不愼乎。而況亂世。殺機四伏者乎。故孔子曰。邦有道。危言危行。邦無道。危行言孫。又曰。甯武子邦有道則知。邦無道則愚。其知可及也。其愚不可及也。皆言愼其出話。明哲以保身也。

洪範曰。言曰從。從作乂。何謂從。乾之文言曰。庸言之信。庸行之謹是也。所謂言有物也。孔子曰。道聽而塗說。德之棄也。謂不察其言之是否有物而附和之也。孟子曰。言無實不祥。不祥之實。蔽賢者當之。故子張學干祿。子曰多聞闕疑。愼言其餘。則寡尤。謂必察其實。必有其物。而後可以言也。不闕其疑。而言其餘。則尤悔多矣。故孔子曰。言而無信。不知其可也。大車無輗。小車無軏。其何以行之哉。又曰。言忠信。行篤敬。雖蠻貊之邦行矣。言不忠信。行不篤敬。雖州里行乎哉。皆謂道聽塗說。無實之言。雖州里之地。亦不可行也。

言旣不可不忠信。則言不可以不顧其行。行不可以不顧其言。言之必可行也。行之必可言也。明矣。緇衣曰。大人不倡游言。可言也。不可行。君子弗言也。可行也。不可言。君子弗行也。則民言不危行。行不危言矣。故子貢問君子。子曰。先行其言。而後從之。又曰。君子欲訥于言而敏于行。所以然者何也。子曰。君子恥其言。而過其行。又曰。古者言之不出。恥躬之不逮也。故孟子曰。人之易其言也。無責而已矣。有子曰。信近于義。言可復也。皆所以顧其行也。言而有信矣。言而顧其行矣。猶有未盡也。必察其人之是非可以與言也。必察其時之是否可以言也。必察其言之結果何如也。必察吾言之是否合于道也。何謂察其人之是否可以與言也。孔子曰。可與言。而不與之言。失人。不可與言。而與之言。失言。知者不失人。亦不失言。然則何如而知其可與言與不可與言也。孔子曰。中人以上。可以語上也。中人以下。不可以語上也。故孔子曰。吾有知乎哉。無知也。有鄙夫問于我。空空如也。我叩其兩端而竭焉。如此則不失人。亦不失言矣。

荀子勸學篇曰。問楛者勿告也。告楛者勿問也。說楛者勿聽也。有爭氣者勿與辯也。故必由其道至。然後接之。非其道。則避之。故禮恭而後可與言道之方。辭順而後可與言道之理。色從而後可與言道之致。如此亦可以不失言矣。

何謂察其時之是否可以言也。孔子曰。侍于君子有三愆。言未及之而言。謂之躁。言及之而不言。謂之隱。未見顏色而言。謂之瞽。躁也。隱也。瞽也。皆言之不得其時也。言而不得其時。人鮮有不惡之者。故子貢曰。夫子時然後言。人不厭其言。樂然後笑。人不厭其笑。義然後取。人不厭其取。

何謂察其言之結果何如也。緇衣曰。君子道人以言。而禁人以行。故言必慮其所終。而行必稽其所蔽。則民謹于言而愼于行。何謂言必慮其所終也。哀公問記孔子之言曰。君子過言則民作辭。過動則民作則。君子言不過辭。動不過則。百姓不命而恭敬。詩曰。無言不讎。無德不報。易曰。君子居其室。出其言善。則千里之外應之。況其邇者乎。居其室。出其言不善。則千里之外違之。況其邇者乎。此所謂過言則民作辭。故言必慮其所終也。何謂察吾言之是否合于道也。曾子曰。出辭氣。斯遠鄙倍矣。鄙倍之辭。悖于道。而逆于人心也。故荀子非相篇曰。談說之術。矜莊以涖之。端誠以處之，堅強以持之。分別以喻之。譬稱以明之。欣驩芬薌以送之。寶之珍之。貴之神之。如是則說常無不受。雖不說人。人莫不貴。夫是之謂能貴其所貴。此可謂善言矣。

第四節　勤

曹交問曰。人皆可以爲堯舜有諸。孟子曰然。曰交聞文王十尺。湯九尺。今交九尺四寸以長。食粟而已。如何則可。曰奚有于是。亦爲之而已。有人于此。力不能勝一匹雛。則爲無力人矣。今日舉百鈞。則爲有力人矣。然則舉烏獲之任。是亦爲烏獲而已矣。夫人豈以不勝爲患哉。弗爲耳。徐行後長者。謂之弟。疾行先長者。謂之不弟。夫徐行者。豈人所不能哉。所不爲也。堯舜之道。孝弟而已矣。子服堯之服。誦堯之言。行堯之行，是堯而已矣。子服桀之服。誦桀之言。行桀之行。是桀而已矣。父子兄弟夫婦君臣朋友之道。是天下之達道也。亦在爲之而已矣。太甲曰。弗慮胡獲。弗爲胡成。旅獒曰。夙夜罔或不勤。不矜細行。終累大德。爲山九仞。功虧一簣。亦在爲之而已矣。可以爲而不爲何也。孔子曰。見義不爲無勇也。仁義之道。亦在勇爲之而已。荀子修身篇曰。道雖邇。不行不至。事雖小。不爲不成。其爲人也多暇日者。其出入不遠矣。

雖然。天下之事未必皆爲仁義也。是不可以不察也。故孔子曰。勇而無禮則亂。子路曰。君子尙勇乎。子曰君子義以爲尙。君子有勇而無義爲亂。小人有勇而無義爲盜。大壯之上六曰。羝羊觸藩。不能退。不能遂。是有勇而無義也。是亂也。乾之上九曰。亢龍有悔。而孔子曰。亢之爲言也。知進而不知退。知存而不知亡。知得而不知喪。是以動而有悔也。是勇而無禮也。是亂也。然則如之何而可。孔子曰。事思敬。敬則有禮矣。敬則有義矣。有禮有義。則不亂矣。故子路曰。子行三軍則誰與。子曰。暴虎馮河。死而無悔者。吾不與也。必也臨事而懼。好謀而成者也。

荀子曰。鬥者忘其身者也。行其少頃之怒。而喪終身之軀。然且爲之。是忘其身也。室家立殘。親戚不免乎刑戮。然且爲之。是忘其親也。君上之所惡也。刑法之所大禁也。然且爲之。是忘其君也。是有勇而無禮義也。天下之鬥者衆矣、逞一己之意氣。逞一時之意氣。不顧禮義而爲之者。皆鬥也。故小則亂其身。中則亂其家。大則亂其國。故曰臨事不可不敬也。

敬之如何。說命曰。慮善以動。動惟厥時。有其善。喪厥善。矜其能。喪厥功。惟事事。乃其有備。有備無患。無啓寵納侮。無恥過作非，是皆所謂事思敬也。

何謂慮善以動也。蹇之彖曰。蹇難也。險在前也。見險而能止。知矣哉。屯之六三曰。卽鹿无虞。惟入于林中。君子幾。不如舍。往吝。皆言慮善以動也。故益之上九曰。莫益之。或擊之。立心無恆凶。而孔子贊之曰。君子安其身而後動。易其心而後語。定其交而後求。君子脩此三者。故全也。危以動。則民不與也。懼以語。則民不應也。无交而求。則民不與也。莫之與。則傷之者至矣。曲禮曰。疑事毋質。直而毋有。亦所以安其身而後動。易其心而後語也。皆慮善以動也。

動惟厥時何謂也。艮之彖曰。艮止也。時止則止。時行則行。動靜不失其時。其道光明。解之上六曰。公用射隼于高墉之上。獲之无不利。子曰隼者禽也。弓矢者器也。射之者人也。君子藏器于身。待時而動。何不利之有。是時止則止。待時而動也。豫之六二曰。介于石。不終日。貞吉。孔子贊之曰。知幾其神乎。又曰。幾者。動之微。吉之先見者也。君子見幾而作。不俟終日。易曰。介于石。不終日。貞吉。介如石焉。甯用終日。斷可識矣。是所謂見幾而作。時行則行也。

惟事事。乃其有備。何謂也。乾之九三曰。君子終日乾乾。夕惕若。厲无咎。象曰。天行健。君子以自強不息。終日乾乾。自強不息。則有備無患矣。故曰。厲无咎也。故孔子曰。人無遠慮。必有近憂。以其無備也。表記曰。君子慎以辟禍。篤以不揜。恭以遠恥。是居安思危也。亦所以有備也。

無恥過作非。何謂也。孟子曰。大人者。言不必信。行不必果。惟義所在。言而非義。是過言也。恥其過言而必信之。則作非矣。動而非義矣。是過動也。恥其過動而必果之。則作非矣。

故言而非義也。不必信。行而非義也。不必果。子夏曰。大德不踰閑。小德出入可也。孟子曰。可以取。可以無取。取傷廉。可以與。可以無與。與傷惠。可以死。可以無死。死傷勇。亦權其輕重大小而爲之耳。又曰。大人者。言不必信。行不必果。惟義所在。是之謂也。

第五節　貌

鄘風之詩曰。相鼠有皮。人而無儀。人而無儀。不死何爲。　相鼠有齒。人而無止。人而無止。不死何俟。　相鼠有體。人而無禮。人而無禮。胡不遄死。此甚言人之不可以無禮貌也。荀子曰。人無法則倀倀然。有法而無志。其義則渠渠然。依乎法而又深其類。然後温温然。洪範曰。貌作恭。恭作肅。孔子曰。色思温。貌思恭。曲禮曰。毋不敬。儼若思。此言容貌之不可不温恭也。

雖然。恭敬不可以虛爲也。孔子曰。恭而無禮則勞。仲尼燕居曰。敬而不中禮謂之野。恭而不中禮謂之給。勞也。野也。給也。皆不安也。以其恭敬而無禮也。曲禮曰。人有禮則安。無禮則危。恭敬而中禮。則安而行之矣。荀子修身篇曰。君子貧窮而志廣。富貴而體恭。安燕而血氣不惰。勞倦而容貌不枯。怒不過奪。喜不過予。君子貧窮而志廣隆仁也。富貴而體恭殺勢也。安燕而血氣不惰柬理也。勞倦而容貌不枯。好交也。怒不過奪。喜不過予。是法隆私也。隆仁也。殺勢也。柬理也、好交也。法勝私也。皆言守禮也。故曲禮曰。富貴而知好禮。則不驕不淫。貧賤而知好禮。則志不懾。是所謂以義制事。以禮制心。心有所制。則貌不期恭而自恭。不期敬而自敬矣。

荀子修身篇又曰。凡用血氣志意知慮。由禮則治。不由禮則勃亂。提食飲衣服居處動靜。由禮則和節。不由禮則觸陷生疾。容貌態度。進退趨行。由禮則雅。不由禮則夷。固僻違庸衆而野。故人無禮則不生。事無禮則不成。國家無禮則不寧。是容貌動靜之不可無禮也。

故祭義曰。禮樂不可斯須去身。致樂以治心。則易直子諒之心。油然生矣。易直子諒之心生則樂。樂則安。致樂以治心者也。致禮以治躬。則莊敬。莊敬則嚴威。心中斯須不和不樂。而鄙詐之心入之矣。外貌斯須不莊不敬。而慢易之心入之矣。故樂也者。動于內者也。禮也者。動于外者也。樂極和。禮極順。內和而外順。則民瞻其顏色而不與爭也。望其和貌而衆不生慢易焉。故禮樂不可以偏廢也。詩曰。雝雝在宮。肅肅在廟。不顯亦臨。無斁亦保。雝雝肅肅。是禮樂之貌也。

玉藻曰。君子之容舒遲。足容重。手容恭。目容端。口容正。聲容靜。頭容直。氣容肅。立容德。色容莊。坐如尸。燕居告溫溫。戎容暨暨。言容詻詻。色容肅厲。視容淸明。立容辨。卑毋讇。頭頸必中。山立。時行。盛氣。顚實。揚休。玉色。是皆誠于中而形于外。感于物而見諸色。不可以色厲而內荏爲也。

孔子曰。君子有三變。望之儼然。卽之也溫。聽其言也厲。夫何爲而能若是也。孔子曰。君子無衆寡。無小大。無敢慢。斯不亦泰而不驕乎。君子正其衣冠。尊其瞻視。儼然人望而畏之。斯不亦威而不猛乎。故孔子又曰。君子泰而不驕。小人驕而不泰。又曰。君子坦蕩蕩。小人常戚戚。夫唯坦蕩蕩也。泰而不驕也。故即之也温。聽其言也厲。夫唯正其衣冠。尊其瞻視也。故望之儼然也。曾子曰。動容貌。斯遠暴慢矣。正顏色。斯近信矣。禮樂無斯臾之時去身。則容貌焉得而暴亂。顏色焉得而不正乎。是北宮佗之謂威儀也。

左傳襄公三十一年。北宮佗謂衛侯曰。有威而可畏謂之威。有儀而可象謂之儀。君有君之威儀。其臣畏而愛之。則而象之。故能有其國家。令聞長世。臣有臣之威儀。其下畏而愛之。故能守其官職。保族宜家。順是以下。皆如是。是以上下能相固也。……故君子在位可畏。施舍可愛。進退可度。周旋可則。容止可觀。作事可法。德性可象。聲氣可樂。動作有文。言語有章。以臨其民。謂之有威儀也。

第九章　待人

第一節　國人

孟子曰。君子之于物也。愛之而弗仁。于民也。仁之而弗親。親親而仁民。仁民而愛物。何其愛之有差等也。曰。父母生之。續莫大焉。君親臨之。厚莫重焉。故不愛其親。而愛他人者。謂之悖德。不敬其親。而敬他人者。謂之悖禮。此君子之于民。所以仁之而弗親也。故孔子曰。汎愛衆。而親仁。汎愛者。待國人之道也。

何謂汎愛。孔子曰。君子周而不比。小人比而不周。君子和而不同。小人同而不和。君子矜而不爭。羣而不黨。此老子所謂挫其銳。解其紛。和其光。同其塵。聖人方而不割。廉而不劌。直而不肆。光而不耀者也。故孔子曰。君子之于天下也。無適也。無莫也。義之與比。君子之待人。雖曰汎愛。實非混然無知也。同人之象曰。文明以健。中正而應。君子正也。唯君子。爲能通天下之志。其象曰。天與火同人。君子以類族辨物。文明以健。中正而應。所謂矜而不爭。直而不肆也。類族辨物。所謂羣而不黨也。類族辨物。羣而不黨。此其所以無適也。無莫也。義之與比也。孔子曰。見賢思齊焉。見不賢而內自省也。是善惡是非。皆在吾心也。荀子曰。見善。修然必有以自存也。見不善。愀然必有以自省也。善在身。介然必有以自好也。不善在身。菑然必有以自惡也。故非我而當者。吾師也。是我而當者。吾友也。諂諛我者。吾賊也。故君子隆師而親友。以致惡其賊。是非善惡。自在吾心也。善者親之。不善者遠之可也。

孔子曰。好勇疾貧亂也。人而不仁。疾之已甚。亂也。論語曰。子絕四。毋意。毋必。毋固。毋我。故互鄉難與言。童子見。門人惑。子曰。人潔己以進。與其進也。不與其退也。唯何甚。人潔己以進。與其潔也。不保其往也。故孟子曰。仲尼不爲已甚者。所以然者何也。孟子曰。西子蒙不潔。則人皆掩鼻而過之。雖有惡人。齋戒沐浴。則可以事上帝。彼以禮來。故坦然而與之。奚拒焉。此忠恕之道也。所謂矜而不爭也。

中庸曰。道不遠人。人之違道而遠人。不可以爲道。詩曰。伐柯伐柯。其則不遠。執柯以伐柯。睨而視之。猶以爲遠。故君子。以人治人。改而止。忠恕違道不遠。施諸己而不願。亦勿施于人。子貢問曰。有一言而可以終身行之者乎。子曰其恕乎。己所不欲。勿施于人。己所不欲勿施於人。則遠怨矣。故可以終身行之也。詩曰。在彼無惡。在此無射。庶幾夙夜。以永終譽。中庸曰。君子未有不如此。而蚤有譽于天下也。

雖然。君子之遠怨。忠恕而已矣。非所以要譽于天下也。表記記孔子之言曰。君子不以色親人。情疏而貌親。在小人其爲穿窬之盜也與。曲禮曰。禮不妄說人。不費辭。不踰節。不侵侮。不好狎。修身踐言。謂之善行。旅獒曰。德盛不狎侮。狎侮君子。罔以盡人心。狎侮小人。罔以盡其力。表記曰。狎侮死焉。而不畏也。故狎侮非所以遠怨也。然則如之何而可。孔子曰。言忠信。行篤敬。雖蠻貊之邦行矣。言不忠信。行不篤敬。雖州里行乎哉。樊遲問仁。子曰。居處恭。執事敬。與人忠。雖之夷狄。不可棄也。以忠恕待人。而行之以忠信篤敬。使人畏而愛之。則而象之。是待人之道也。

荀子修身篇曰。體恭敬而心忠信。術禮義而情愛人。橫行天下。雖困夷狄。人莫不貴。勞苦之事則爭先。饒樂之事則能讓。端慤誠信。拘守而詳。橫行天下。雖困四夷。人莫不任。體倨固而心執詐術。順墨而精雜汚。橫行天下。雖達四方。人莫不賤。勞苦之事則偸儒轉脫。饒樂之事則佞兌而曲。辟違而不慤。程役而不錄。橫行天下。雖達四方。人莫不棄。此孔子所以謂言忠信行篤敬。己所不欲。勿施于人。雖蠻貊之邦。亦可以終身行之也。

第二節　同僚

孟子曰。大舜有大焉。善與人同。舍己從人。樂取于人以爲善。自耕稼陶漁。以至爲帝。無非取于人者。取諸人以爲善。是與人爲善者也。天下亦大矣。天下之人亦衆矣。如何而可以與人爲善也。中庸記孔子之言曰。舜其大知也與。舜好問。而好察邇言。執其兩端。用其中于民。其斯以爲舜乎。好問而好察邇言。此樂取于人以爲善也。執其兩端用其中于民。是取諸人以爲善也。取諸人以爲善。則天下之善成矣。孟子所謂夫苟好善。則四海之內。皆將輕千里而來。

告之以善也。故咸之象曰。山上有澤。咸。君子以虛受人。與人爲善。則不自矜伐矣。坊記曰。善則稱人。過則稱己。則民不爭。善則稱人。過則稱己。則怨益亡。善則稱人。過則稱己。則民讓善。表記曰。君子不自大其事。不自尙其功。以求處情。過行弗率。以求處厚。彰人之善。而美人之功。以求下賢。是故君子自卑而民尊敬之。故帝典舜命禹曰。惟汝賢。汝惟不矜。天下莫與汝爭能。汝惟不伐。天下莫與汝爭功。所以然者何也。謙之彖曰。謙亨。天道下濟而光明。地道卑而上行。天道虧盈而益謙。地道變盈而流謙。鬼神害盈而福謙。人道惡盈而好謙。謙尊而光。卑而不可踰。君子之終也。其九三曰。勞謙君子有終吉。孔子贊之曰。勞而不伐。有功而不德。厚之至也。語以其功下人者也。德言盛。禮言恭。謙也者。致恭以存其位者也。是以聖人處上而民不重。處前而民不害。是以天下樂推而不厭。以其不爭。故天下莫能與之爭。此老子之言也。是與人爲善之道也。

取諸人以爲善。非謂盲從也。好問而能察邇言也。能察則非盲從矣。故大禹謨曰。無稽之言弗聽。弗詢之謀勿庸。所以貴乎察也。孔子曰。我非生而知之者。好古敏以求之者也。人非生知。則不能不有待于問。故孔子又曰。疑思問。仲虺之誥。曰好問則裕。自用則小。問所以廣己之視聽也。故必察其言之有無稽也。不必察言者爲何如人也。故孔子曰。君子不以言舉人。不以人廢言。是重其言而不重其人也。故曰。隱惡而揚善。執其兩端。用其中于民。是取諸人以爲善也。中庸曰。在上位。不陵下。在下位。不援上。正己而不求于人。則無怨。上不怨天。下不尤人。君子居易以俟命。小人行險以徼幸。子曰。射有似乎君子。失諸正鵠。反求諸其身。如是處人。則泰然矣。故孔子曰。衣敝縕袍。與衣狐貉者立。而不恥者。其由也與。不忮不求。何用不臧。子路終身誦之。子曰。是道也何足以臧。司馬牛憂曰。人皆有兄弟。我獨無。子夏曰。商聞之矣。死生有命。富貴在天。君子敬而無失。與人恭而有禮。四海之內。皆兄弟也。君子何患乎無兄弟也。敬而無失。恭而有禮。上不怨天。下不尤人。不忮不求。好問而察。勞而不伐。有功而不德。以此處同僚。事無不濟矣。

第三節　小人

孔子曰。唯女子與小人。爲難養也。近之則不勝。遠之則怨。是小人之難待也。何如而知其爲小人也。孔子曰。巧言令色。鮮矣仁。又曰。巧言令色足恭。左丘明恥之。丘亦恥之。匿怨而友其人。左丘明恥之。丘亦恥之。又曰。色厲而內荏。譬諸小人。其猶穿窬之盜也與。是察其辭色。而知其爲小人也。孔子曰。君子喻于義。小人喻于利。又曰。君子成人之美。不成人之惡。小人反是。又曰。羣居終日。言不及義。好行小慧。難矣哉。又曰。不曰如之何如之何者。吾未如之何也已矣。又曰。君子懷德。小人懷土。君子懷刑。小人懷惠。是察其行爲而知其爲小人也。故孔子曰。視其所以。觀其所由。察其所安。人焉廋哉。人焉廋哉。子夏曰。小人之過也必文。惟其文也。而愈見其爲小人也。曾子曰。小人間居爲不善。無所不至。見君子。而后厭然。揜其不善。而著其善。人之視己。如見其肺肝然。則何益矣。是小人雖文其過。而終不能揜其惡也。天下人之最不易察者。其唯鄉原乎。孔子曰。鄉原德之賊也。以其似是而非。不易爲人察也。萬章問于孟子曰。孔子在陳曰。盍歸乎來。吾黨之士。狂簡進取。不忘其初。孔子在陳。何思魯之狂士。孟子曰。孔子不得中行而與之。必也狂獧乎。狂者進取。獧者有所不爲也。孔子豈不欲中道哉。不可必得。故思其次也。敢問何如斯可謂之狂矣。曰。如琴張曾皙牧皮者。孔子之所謂狂也。何以謂之狂也。曰。其志則嘐嘐然。曰古之人。古之人。夷考其行。而不掩者也。狂者又不可得。欲得不屑不潔之士而與之。是獧也。是又其次也。孔子曰。過我門而不入我室。我不憾焉者。其惟鄉原乎。鄉原德之賊也。曰。何如斯可謂之鄉原矣。曰。何以是嘐嘐也。言不顧行。行不顧言。則曰。古之人。古之人。行何爲踽踽涼涼。生斯世也。爲斯世也。善斯可矣。閹然媚于世者也。是鄉原也。

萬章曰。一鄉皆稱原人焉。無所往而不爲原人。孔子以爲德之賊何哉。曰。非之無非也。刺之無刺也。同乎流俗。合乎汚世。居之似忠信。行之似廉潔。衆皆悅之。自以爲是。而不可與入堯舜之道。故曰德之賊也。孔子曰。惡似而非者。惡莠恐其亂苗也。惡佞恐其亂義也。惡利口恐其亂信也。惡鄭聲恐其亂樂也。惡紫恐其亂朱也。惡鄉原恐其亂德也。故顏淵問爲邦。子曰。放鄭聲。遠佞人。鄭聲淫。佞人殆。鄉原者。小人之尤者也。

然則待小人之道如何。孔子曰。里仁爲美。擇不處仁。焉得知。孟子曰。不仁者。可與言哉。

安其危。而利其菑。樂其所以亡者。不仁而可與言。則何亡國敗家之有。故小人不可與處也。不可與言也。遠之爲是也。遯之象曰。天下有山。遯。君子以遠小人。不惡而嚴。其不幸而與小人處。則如之何。表記曰。君子不失足于人。不失色于人。不失口于人。故君子貌足畏也。色足憚也。言足信也。貌足畏也。色足憚也。孔子所謂正其衣冠。尊其瞻視。儼然人望而畏之。威而不猛是也。言足信也。則所謂庸言之信。愼其樞機。以免辱也。此皆不惡而嚴也。小人近之則不勝也。故不可以色親之。不可以口譽之。表記曰。君子不以口譽人。則民作忠。故君子問人之寒則衣之。問人之飢則食之。稱人之美則爵之。子曰。口惠而實不至。怨菑及其身。故君子與其有諾責也。甯有已怨。小人遠之則怨也。故當修慝以免怨。孔子曰。人而不仁。疾之已甚。是亂也。攻其惡。無攻人之惡。是修慝也。孔子曰。不逆詐。不億不信。抑以先覺者。是賢乎。是善于修慝者也。修慝以遠怨。莊敬以免辱。此待小人之道也。

第四節　寬恕

表記記孔子之言曰。無欲而好仁者。無畏而惡不仁者。天下一人而已矣。是故君子議道自己。而置法以民。又曰。仁之爲器重。其爲道遠。舉者莫能勝也。行者莫能致也。是故君子以義度人。則難爲人。以人望人。則賢者可知已矣。又曰。仁之難成久矣。唯君子能之。是故君子不以其所能者病人。不以人之所不能者愧人。是故聖人之制行也。不制以己。使民有所勸勉愧恥。以行其言。此寬恕之道也。伊訓曰。與人不求備。檢身若不及。君陳曰。爾無忿疾于頑。無求備于一人。必有忍。其乃有濟。有容德乃大。所以然者何也。中庸記孔子之言曰。道之不行也。我知之矣。知者過之。愚者不及也。道之不明也。我知之矣。賢者過之。不肖者不及也。故曰。中庸其至矣乎。民鮮能久矣。惟其難能也。故不可求備于一人也。故孔子曰。躬自厚而薄責于人。則遠怨矣。惟其難能也。故孔子曰。君子求諸己。小人求諸人。惟其求諸己也。故不以其所能者病人。不以人之所不能者愧人。

于人不求備矣。則人之過固當恕之也。孔子曰。陳事不說。遂事不諫。既往不咎。所以與以自新之路也。過而能改。則無過矣。故孔子曰。伯夷叔齊。不念舊惡。怨是用希。而況人之過常有可原者乎。請舉春秋時事以明之。

左傳僖公二十四年。呂郤畏偪。將焚公宮。而弑晉侯。寺人披請見。公使讓之。且辭焉。曰。蒲城之役。君命一宿。女卽至。其後余從狄君。以田渭濱。女爲惠公來求殺余。命女三宿。女中宿至。雖有君命。何其速也。夫袪猶在。汝其行乎。對曰。臣謂君之入也。其知之矣。若猶未也。又將及難。君命無二。古之制也。除君之惡。唯力是視。蒲人狄人。余何有焉。今君卽位。其無蒲狄乎。齊桓公置射鉤而使管仲相。君若易之。何辱命焉。行者甚衆。豈惟刑臣。公見之。以難告。

孔子曰。君子不以言舉人。不以人廢言。寺人披之事是也。不念舊惡。不求備于一人。寬恕之道也。

孟子曰。君子所以異于人者。以其存心也。君子以仁存心。以禮存心。仁者愛人。有禮者敬人。愛人者。人恆愛之。敬人者。人恆敬之。有人于此。其待我以橫逆也。君子必自反也。我必不仁也。必無禮也。此物奚宜至哉。自反而仁矣。自反而有禮矣。其橫逆猶是也。君子必自反也。我必不忠也。自反而忠矣。其橫逆猶是也。君子曰。此亦妄人也已矣。如此則與禽獸奚擇哉。與禽獸又何難焉。是故君子有終身之憂。無一朝之患也。乃若所憂則憂之。舜人也。我亦人也。舜爲法于天下。可傳于後世。我猶未免爲鄉人也。是則可憂也。憂之如何。如舜而已矣。若夫君子所患。則無矣。非仁無爲也。非禮無行也。如有一朝之患。則君子不患矣。君子自有其憂。固無暇以責人也。

或曰。以德報怨何如。子曰。何以報德。以直報怨。以德報德。故寬恕之道。亦自有其分也。

第五節 德惠

孔子曰。放于利而行多怨。以其錙銖必較也。若如老子之言。生而不有。爲而不恃。功成而弗居。則天下孰不欲歸之。唐雎告信陵君之言是已。

魏策曰。信陵君殺晉鄙。救邯鄲。破秦人。存趙國。趙王自郊迎。唐雎謂信陵君曰。臣聞之。

事有不可知者。有不可不知者。有不可忘者。有不可不忘者。信陵君曰。何謂也。對曰。人之憎我也。不可知也。我憎人也。不可得而知也。人之有德于我也。不可忘也。吾有德于人也。不可不忘也。今君殺晉鄙。救邯鄲。破秦人。存趙國。此大德也。今趙王自郊迎。卒然見趙王。願君之忘之也。信陵君曰。無忌謹受教。若唐雎之言。所謂爲而不恃。功成而弗居也。詩曰。投我以木桃。報之以瓊瑤。非報也。永以爲好也。投我以木李。報之以瓊玖。非報也。永以爲好也。此所謂施恩不望報。受惠終勿忘也。此人之恆情也。若馮諼者。可謂明于受惠勿忘之旨矣。

齊策曰。孟嘗君出記。問門下諸客。誰習會計能爲文收責于薛者乎。馮諼署曰能。……於是約車治裝。載券契而行。辭曰。責畢收。以何市而反。孟嘗君曰。視吾家所寡有者。驅而之薛。使吏召諸民當償者。悉來合券。券編合。起矯命。以責賜諸民。因燒其券。民稱萬歲。長驅到齊。晨而求見。孟嘗君怪其疾也。衣冠而見之。曰。責畢收乎。來何疾也。曰收畢矣。以何市而反。馮諼曰。君云視吾家所寡有者。臣竊計君宮中積珍寶。狗馬實外廄。美人充下陳。君家所寡有者。以義耳。竊以爲君市義。孟嘗君曰。市義奈何。曰。今君有區區之薛。不拊愛子其民。因而賈利之。臣竊矯君命。以責賜諸民。因燒其券。民稱萬歲。乃臣所以爲君市義也。孟嘗君不悅曰。諾。先生休矣。後朞年。齊王謂孟嘗君曰。寡人不敢以先王之臣爲臣。孟嘗君就國于薛。未至百里。民扶老攜幼。迎君道中。孟嘗君顧謂馮諼曰。先生所爲文市義者。

乃今日見之。

詩曰。無言不讎。無德不報。馮諼之事見之矣。雖然。孔子曰。夫仁者。己欲立而立人。己欲達而達人。能近取譬。可謂仁之方也已。禮運記孔子之言。貨惡其棄于地也。不必藏于己。力惡其不出于身也。不必爲己。然則又何報之望爲。

論語子張問仁于孔子。孔子曰。能行五者于天下。爲仁矣。請問之。曰恭寬信敏惠。恭則不侮。寬則得衆。信則人任焉。敏則有功。惠則足以使人。孔子又曰。君子義以爲質。禮以行之。孫以出之。信以成之。君子哉。義則賢不肖別矣。恭而有禮。則篤敬而免恥矣。寬則可以修慝。孫則能下賢矣。信則人任而遠怨矣。德惠而無介于心。則泰而不驕矣。能行此六者于天下。則無人而不自得矣。

第十章　出處

第一節　持躬

一　止于至善

大學曰。大學之道。在明明德。在親民。在止于至善。知止而后有定。定而后能靜、靜而后能安。又曰。詩曰。緜蠻黃鳥。止于丘隅。子曰。于止知其所止。可以人而不如鳥乎。又曰。爲人君。止于仁。爲人臣。止于敬。爲人子。止于孝。爲人父。止于慈。與國人交。止于信。知止而后可以立。君仁臣敬父慈子孝兄友弟弟夫義婦順朋友有信。皆各止其本位而立也。一言以蔽之。曰。止于至善是也。止于至善。則不忮不求。天爵修矣。持躬之道在于是矣。

故孔子曰。不患無位。患所以立。不患莫己知。求爲可知也。又曰。不患人之不己知。患不知人也。又曰。士志于道。而恥惡衣惡食者。未足與議也。又曰。賢哉回也。一簞食。一瓢飮。在陋巷。人不堪其憂。回也不改其樂。賢哉回也。以其心志于道。苟有所得。樂以忘憂。衣食非所以持躬也。故曰。士而懷居。不足以爲士矣。孟子曰。鷄鳴而起。孳孳爲善者。舜之徒也。鷄鳴而起。孳孳爲利者。跖之徒也。欲知舜與跖之分。無他。善與不善而已矣。人苟孳孳爲利。則患得患失。無往而不爲利。孔子曰。鄙夫可與事君也與哉。其未得之也。患得之。既得之。患失之。苟患失之。無所不至矣。故曰。君子固窮。小人窮斯濫矣。患得患失。無所不至。則莊子所謂終身役役。而不知其所止者。不亦大可哀乎。且趙孟之所貴。趙孟能賤之。故君子求諸己。小人求諸人。荀子曰。君子能爲可貴。不能使人必貴己。能爲可信。不能使人必信己。能爲可用。不能使人必用己。故持躬必先知其所止也。

所謂止于至善者何也。孔子曰。篤信好學。守死善道。危邦不入。亂邦不居。天下有道則見。無道則隱。邦有道貧且賤焉。恥也。邦無道富且貴焉。恥也。又曰邦有道穀。邦無道穀恥也。又曰。直哉史魚。邦有道如矢。邦無道如矢。君子哉蘧伯玉。邦有道則仕。邦無道。則可卷而懷之。孔子謂顔淵曰。用之則行。舍之則藏。惟我與爾有是夫。是人之進退出處。固宜有其時也。否之象曰。天地不交否。君子以儉德辟難。不可營以祿。坤之六四曰。囊括。無咎。無譽。其文言曰。天地閉。賢人隱。易曰。囊括无咎无譽。蓋言謹也。是皆君子道消。小人道長之時也。孔子曰。賢者辟世。其次辟地。其次辟色。其次辟言。正謂此時也。故乾初九之文言曰。潛龍勿用。何謂也。子曰。龍德而隱者也。不易乎世。不成乎名。遯世无悶。不見是而无悶。樂則行之。憂則違之。確乎其不可拔。潛龍也。

當此之時。吾人持躬。當何如乎。易之大過曰。棟橈。其象曰。君子以獨立不懼。遯世无悶。

困曰。困亨。貞。大人吉。无咎。有言不信。象曰。困。剛弇也。險以說困。而不失其所。其唯君子乎。貞大人吉。以剛中也。有言不信。尙口乃窮也。其象曰。澤无水困。君子以致命遂志。獨立不懼。困而不失其所。遯世无悶。致命遂志。皆吾人持躬處世之道也。故孔子曰。志士仁人。無求生以害仁。有殺身以成仁。曾子曰。士不可以不宏毅。任重而道遠。仁以爲己任。不亦重乎。死而後已。不亦遠乎。此皆所謂獨立不懼。遯世无悶。確乎其不可拔者也。

二　素位而行

恆之象曰。雷風恆。君子以立不易方。所謂立不易方者何也。曾子曰。君子思不出其位。中庸曰。君子素其位而行。不願乎其外。素富貴。行乎富貴。素貧賤。行乎貧賤。素夷狄。行乎夷狄。素患難。行乎患難。君子無入而不自得也。立不易方。遯世无悶。自有自得之樂。邶風之詩曰。百爾君子。不知德行。不忮不求。何用不臧。陳風之詩曰。衡門之下。可以棲遲。泌之洋洋。可以樂飢。豈其食魚。必河之魴。豈其取妻。必齊之姜。豈其食魚。必河之鯉。豈其取妻。必宋之子。是皆素位而行。不願乎其外者也。故孔子曰。飯疏食飲水。曲肱而枕之。樂亦在其中矣。不義而富且貴。于我如浮雲。又曰。富而可求也。雖執鞭之士。吾亦爲之。如不可求。從吾所好。富貴豈人之所不欲哉。以其不義。故不求也。故孔子又曰。富與貴。是人之所欲也。不以其道得之。不處也。貧與賤。是人之所惡也。不以其道得之。不去也。君子去仁。惡乎成名。君子無終食之間違仁。造次必于是。顚沛必于是。是困而不失其所也。困而不失其所。以其素位而行。無入而不自得也。故孔子曰。不仁者不可以久處約。不可以長處樂。仁者安仁。知者利仁。安而利之。何往而不自得哉。

荀子天論篇曰。天不爲人之惡寒也輟冬。地不爲人之惡遼遠也輟廣。君子不爲小人之匈匈也輟行。天有常道矣。地有常數矣。君子有常體矣。君子道其常。而小人計其功。詩曰。何恤人之言兮。此之謂也。楚王後車千乘。非知也。君子啜菽飲水。非愚也。是節然也。若夫心意修。德行厚。志慮明。生于今而志乎古。則是其在我者也。故君子敬其在己者。而不慕其在天者。小人錯其在己者。而慕其在天者。此不仁者。不可以久處約。不可以長處樂。而仁者能安仁。知者能利仁也。

君子惟能敬其在己。而不慕其在天也。故荀子修身篇曰。志意修則驕富貴矣。道義重則輕王公矣。內省則外物輕矣。傳曰。君子役物。小人役于物。此之謂也。身勞而心安爲之。利少而義多爲之。事亂君而通。不如事窮君而順焉。故良農不爲水旱不耕。良賈不爲折閱不市。士君子不爲貧窮怠乎道。故孔子曰。士志于道。而恥惡衣惡食者。未足與議也。以其役于物也。故曰。邦有道穀。邦無道穀恥也。儒行曰。儒有一畝之宮。環堵之室。篳門圭窬。蓬戶甕牖。易衣而出。并日而食。上答之不敢以疑。上不答不敢以諂。此所謂樂則行之。憂則違之。用之則行。舍之則藏者也。

且窮達命也。富貴時也。人果何爲而願其外乎。荀子非十二子曰。君子能爲可貴。不能使人必貴己。能爲可信。不能使人必信己。能爲可用。不能使人必用己。故君子恥不修。不恥見汚。恥不信。不恥不見信。恥不能。不恥不見用。是以不誘于譽。不恐于誹。率道而行。端然正己。不爲物傾側。夫是之謂誠君子。故孔子曰。君子求諸己。小人求諸人。古之學者爲己。今之學者爲人。不患人之不己知。患不知人也。不患無位。患所以立。不患莫己知。求爲可知也。夫如是則更無求于外矣。而況亂世。當辟世辟地辟色辟言者乎。故荀子宥坐篇曰。孔子南適楚。戹于陳蔡之間。七日不火。食藜羹不糂。弟子皆有飢色。子路進問之曰。由聞之。爲善者。天報以福。爲不善者。天報以禍。今夫子累德積義。懷美行之日久矣。奚居之隱也。孔子曰。由。不識。吾語女。女以知者爲必用邪。王子比干。不見剖心乎。女以忠者爲必用邪。關龍逢不見刑乎。女以諫者爲必用邪。伍子胥不磔于姑蘇東門外乎。夫遇不遇者時也。賢不肖者材也。爲不爲者人也。今有其人。不遇其時。雖賢其能行乎。苟遇其時。何難之有。故君子博學深謀。修身端行。以俟其時。此持躬之道也。

第二節　任事

一　度德量力

治極則亂。亂極則治。此天之行也。動極思靜。靜極思動。此人之行也。孔子贊咸之九四曰。往者詘也。來者信也。詘信相感。而利生焉。尺蠖之詘。以求信也。龍蛇之蟄。以存身也。精義入神。以致用也。利用安身。以崇德也。孟子曰。人有不爲也。而後可以有爲。人之所不爲者。固將以有爲也。所謂藏器于身。待時而動者也。故孟子曰。窮則獨善其身。達則兼善天下。然則何如。斯可以善天下邪。曰。必先自審其才力之所及矣。鼎之九四曰。鼎折足。覆公餗。其形渥凶。子曰。德薄而位尊。知小而謀大。力小而任重。尠不及矣。易曰。鼎折足。覆公餗。言不勝其任也。墨子親士篇曰。不勝其任。而處其位。非此位之人也。不勝其爵。而處其祿。非此祿之主也。困之六三曰。困于石。據于蒺藜。入于其宮。不見其妻凶。子曰。非所困而困焉。名必辱。非所據而據焉。身必危。旣辱且危。死期將至。妻其可得見邪。故任天下之事者。必先自審其才力也。

子曰。愚而好自用。賤而好自專。生乎今之世。反古之道。如此者。菑及其身者也。荀子非相篇曰。人有三不祥。幼而不肯事長。賤而不肯事貴。不肖而不肯事賢。是人之三不祥也。人有三必窮。爲上則不能愛下。爲下則好非其上。是人之一必窮也。鄉則不若。偝則謾之。是人之二必窮也。知行淺薄。曲直有以縣矣。然而仁人不能推。知士不能明。是人之三必窮也。三不祥也。三必窮也。皆愚而自用。賤而自專之類也。中庸曰。君子之道。費而隱。夫婦之愚。可以與知也。及其知也。雖聖人亦有所不知焉。夫婦之不肖。可以能行焉。及其至也。雖聖人亦有所不能焉。天地之大也。人猶有所憾。故君子語大。天下莫能載焉。語小。天下莫能破焉。詩云。鳶飛戾天。魚躍于淵。言其上下察也。故孔子曰。舜其大知也與。舜好問。而好察邇言。皆以天地之大。人猶有憾。況以有涯之生。不能盡無涯之知。故不敢自專自用也。故任天下之事者。必自卑而尊人。不敢自作聰明也。

二　強毅忠信

孔子曰。君子懷德。小人懷土。君子懷刑。小人懷惠。又曰。士而懷居。不足以爲士矣。放于利而行。固多怨也。而況任天下之事乎。曲禮曰。臨財毋苟得。臨難毋苟免。所以免怨而全義也。儒行曰。儒有委之以貨財。淹之以樂好。見利不虧其義。劫之以衆。沮之以兵。見死不更其守。鷙鳥攫搏。不程勇者。引重鼎不程其力。往者不悔。來者不豫。過言不再。流言不極。不斷其威。不習其謀。讒諂之人。有比黨而危之者。身可危也。而志不可奪也。雖危。起居竟信其志。猶將不忘百姓之病也。故任天下之事者。不淫于當貴。不移于貧賤。不屈于威武也。是行己有恥也。

儒行曰。儒有忠信以爲甲冑。禮義以爲干櫓。戴仁而行。抱義而處。雖有暴政。不更其所。儒有可親而不可刼也。可近而不可迫也。可殺而不可辱也。其居處不淫。其飲食不溽。其過失可微諫而不可面數也。是任天下之事者。必嚴威而中有所守也。

三　杜漸防微

坤之初六曰。履霜堅冰至。文言曰。積善之家。必有餘慶。積不善之家。必有餘殃。臣弑其君。子弑其父。非一朝一夕之故也。其所由來者漸矣。由辨之不早辨也。故任天下之事者、。當杜漸防微也。豫之六二曰。介于石。不終日。貞吉。子曰。知幾其神乎。君子上交不諂。下交不瀆。其知幾乎。幾者動之微。吉之先見者也。君子見幾而作。不俟終日。貞吉。介如石焉。甯用終日。斷可識矣。君子知微知章。知柔知剛。萬夫之望。故任天下之事者。必杜漸防微。見幾而作也。

四　尊賢容衆

乾九二之文言曰。見龍在田。利見大人。何謂也。子曰。龍德而正中者也。庸言之信。庸行之謹。閑邪存其誠。善世而不伐。德博而化。易曰。見龍在田。利見大人。君德也。九三之文言曰。君子終日乾乾。夕惕若。厲无咎。何謂也。子曰。居上位而不驕。在下位而不憂。故乾乾因其時而惕。雖危无咎矣。善世而不伐。自謙也。居上位而不驕。能以身下人也。舜命禹曰。惟汝賢。汝惟不矜。天下莫與汝爭能。汝惟不伐。天下莫與汝爭功。此所謂善世而不伐也。孔子贊謙之九三曰。勞謙君子有終吉。子曰。勞而不伐。有功而不德。厚之至也。語以其功下人者也。德言盛。禮言恭。謙也者。致恭以存其位者也。墨子親士篇曰。良弓難張。然可以及高入深。良馬難乘。然可以任重致遠。良才難令。然可以致君見尊。是故江河不惡小谷之滿己也。故能大。聖人者事無辭也。物無違也。故能為天下器。故在上位。不可以驕也。驕則不能為天下器矣。荀子宥坐篇曰。孔子觀于魯桓公廟。有欹器焉。孔子問于守廟者曰。此為何器乎。守廟者曰。此蓋為宥坐之器。孔子曰。吾聞宥坐之器者。虛則欹。中則正。

滿則覆。孔子顧謂弟子曰。注水焉。弟子則挹水而注之。中而正。滿而覆。虛而欹。孔子喟然而嘆曰。吁。惡有滿而不覆者哉。子路曰。敢問持滿有道乎。孔子曰。聰明聖知。守之以愚。功被天下。守之以讓。勇力撫世。守之以怯。富有四海。守之以謙。此所謂挹而損之之道也。故任天下之事者。必善世而不伐。居上位而不驕也。

中庸曰。唯天下至聖。爲能聰明睿智。足以有臨焉。寬裕溫柔。足以有容也。發強剛毅。足以有執也。齊莊中正。足以有敬也。文理密察。足以有別也。善世不伐。居上不驕。則寬裕有容矣。杜漸防微。見幾而作。則聰明有臨矣。戴仁而行。抱義而處。可親而不可刼。則齊莊而有敬矣。見利不虧其義。見死不更其所。則剛毅而有執矣。居下而肯事上。好問而喜尊人。則文理而有別矣。夫如是則可以任天下之事矣。故乾之文言曰。元者。善之長也。亨者。嘉之會也。利者。義之和也。貞者。事之幹也。君子體仁足以長人。嘉會足以合禮。利物足以合義。貞固足以幹事。君子行此四德者。故曰乾元亨利貞。是任天下之事者。必具之德也。

老子尙無爲者也。其言任事曰。爲無爲。事無事。味無味。大小多少。報怨以德。圖難于其易。爲大于其細。是以聖人終不爲大。故能成其大。又曰。天下柔弱莫于水。而攻堅強者。莫之能勝。其無以易之。弱之勝強。柔之勝剛。天下莫不知。莫能行。故又曰。天下之至柔。馳騁天下之至堅。無有入無間。以是吾知無爲之有益。不言之教。無爲之益。天下希及之。此老子任事之方也。雖然。使天下之人。均不爲大。則天下之艱巨孰任之也。使天下之人。而均尙柔。則大難之來。威武之加。其將柔順以從之邪。故老子者。養其一己之生命也。非所以養天下也。

老子又曰。江海所以能爲百谷王者。以其能下之。故能爲百谷王。是以欲上民。必以言下之。欲先民。必以身後之。是以聖人處上而民不重。處前而民不害。是以天下樂推而不厭。以其不爭。故天下莫能與之爭。是老子之以言下民者。爲欲上之也。以其身後民者。爲欲先之也。非眞有愛于民也。故老子又曰。天長地久。天地所以能長且久者。以其不自生。故能長生。是以聖人後其身而身先。外其身而身存。非以其無私邪。故能成其私。老子道德經一書。蓋皆此類之教也。可謂善養其生者矣。而非所以養天下也。此其所以別于孔孟之道也。

下篇 政治

第一章 政府與人民

第一節 政府之成立

一 天與

中國古代政府。集中于天子。明于天子之意義。則政府之意義。不解自明。何謂天子。堯之禪舜也。曰。咨爾舜。天之歷數在爾躬。允執厥中。四海困窮。天祿永終。舜之禪禹也。曰。來禹。天之歷數在汝躬。汝終陟元后。人心惟危。道心惟微。惟精惟一。允執厥中。四海困窮。天祿永終。是天子者。天所命也。而人民困窮。則天位亦不保。故天子者。上承天命。而下以長育萬民。苟失其職。則天子之資格。卽行取消。此天子之意義。而爲中國古代政治思想之骨髓也。

湯誓曰。格爾衆庶。悉聽朕言。非台小子。敢行稱亂。有夏多罪。天命殛之。今爾有衆。曰。我后不恤我衆。舍我穡事。而割正夏。予惟聞汝衆言。夏氏有罪。予畏上帝。不敢不正。今汝其曰。夏罪其如台。夏王率遏衆力。率割夏邑。有衆率怠弗協。曰。時日曷喪。予及汝偕亡。夏德若茲。今朕必往。

湯之伐桀。一則曰。有夏多罪。天命殛之。再則曰。夏氏有罪。予畏上帝。不敢不正。三則曰。夏王率遏衆力。有衆率怠弗協。是湯之伐桀。非湯伐之。乃桀自廢其天命。而自毀其天子之資格也。故仲虺之誥曰。惟天生民有欲。無主乃亂。惟天生聰明時乂。有夏昏德。民墜塗炭。天乃錫王勇知。表正萬邦。纘禹舊服。茲率厥典。奉若天命。夏王有罪。矯誣上天。以布命於下。帝用不臧。式商受命。用爽厥師。

湯誥曰。惟皇上帝。降衷於下民。若有恆性。克綏厥猷爲后。夏王滅德作威。以敷虐於爾萬方百姓。爾萬方百姓。罹其凶害。弗忍荼毒。並告無辜于上下神祇。天道福善禍淫。降災于夏。以彰厥罪。爾有善。朕弗敢蔽。罪當朕躬。弗敢自赦。惟簡在上帝之心。其爾萬方有罪。在予一人。予一人有罪。無以爾萬方。

是天子者。乃天生聰明。克綏厥猷。以安撫百姓者也。天子而敷虐於百姓。使民墮塗炭。則天棄之矣。是以能盡天子之職者。方可以爲天子也。故伊尹戒太甲曰。

嗚呼。天難諶。命靡常。常厥德。保厥位。厥德匪常。九有以亡。夏王弗克庸德。慢神虐民。皇天弗保。監於萬方。啓迪有命。眷求一德。俾作神主。惟尹躬暨湯。咸有一德。克享天心。受天明命。以有九有之師。爰革夏正。非天私我有商。惟天佑於一德。非商求於下民。惟民歸於一德。

紂之將亡也。亦以敗德。自絕於天。尙書曰。西伯既戡黎。祖伊恐。奔告於王曰。天子。天既訖我殷命。哲人元龜。罔敢知吉。非先王不相我後人。惟王淫戲用自絕。故天棄我。不有康食。不虞天性。不迪率典。今我民罔不欲喪。曰。天曷不降威。大命不摯。今王其如台。桀紂之失天下也。均以敗德。爲天所棄。然則天何爲而使有德者爲天子乎。泰誓曰。惟天地萬物父母。惟人萬物之靈。亶聰明。作元后。元后作民父母。又曰。天佑下民。作之君。作之師。惟其克相上帝。寵綏四方。是天之所以命有德者爲天子也。惟其克相上帝。寵綏四方。以爲民之父母。而子育萬民也。能勝此任。則天位可保。不勝此任。則天祿永終。故大明之詩曰。明明在下。赫赫在上。天難忱斯。不易維王。天位殷適。使不挾四方。文王之詩曰。無念爾祖。聿修厥德。永言配命。自求多福。殷之未喪師。克配上帝。宜鑒於殷。駿命不易。命之不易。無遏爾躬。宣昭義問。有虞殷自天。上天之載。無聲無臭。儀刑文王。萬邦作孚。中庸曰。道得衆。則得國。失衆。則失國。故欲保天位。必先得民。能得民。則克配上帝。而天位可保。政府之所以能存在者以此。

二　民與

旣曰。天佑下民。作之君。作之師。是天位乃天所與者矣。又曰。殷之未喪師。克配上帝。必以得民爲先何哉。曰。上天之載。無聲無臭。赫赫在上。以明明在下故也。皋陶謨曰。天聰明。自我民聰明。天明畏。自我民明威。達於上下。敬哉有土。惟其如此也。故泰誓曰。天矜於民。民之所欲。天必從之。惟天惠民。惟辟奉天。天視自我民視。天聽自我民聽。天命不可見。民意固甚彰彰也。皇矣之詩曰。皇矣上帝。臨下有赫。監觀四方。求民之莫。維此二國。其政不獲。維彼四國。爰究爰度。上帝耆之。憎其式廓。乃眷西顧。此維與宅。周頌之詩曰。敬之敬之。天維顯思。命不易哉。無曰高高在上。陟降厥士。日監在茲。所謂監觀四方。求民之莫。所謂陟降厥士。日監在茲。皆天視自我民視。天聽自我民聽也。故曰。民之所欲。天必從之也。孟子言之詳矣。

萬章問曰。堯以天下與舜有諸。孟子曰。否。天子不能以天下與人。然則舜有天下也。孰與之。曰天與之。天與之者。諄諄然命之乎。曰。否。天不言。以行於事。示之而已矣。曰以行於事。示之者如之何。曰天子能薦人於天。不能使天與之天下。諸侯能薦人於天子。不能使天子與之諸侯。大夫能薦人於諸侯。不能使諸侯與之大夫。昔者堯薦舜於天而天受之。暴之於民。而民受之。故曰。天不言。以行於事。示之而已矣。敢問薦之於天。而天受之。暴之於民。而民受之者。如之何。曰。使之主祭。而百神享之。是天受之。使之治事。而事治。百姓安之。是民受之。天與之。人與之。故曰。天子不能以天下與人。舜相堯。二十有八載。非人之所能爲也。天也。堯崩。三年之喪畢。舜避堯之子於南河之南。天下諸侯。朝覲者。不之堯之子而之舜。謳歌者。不謳歌堯之子而謳歌舜。故曰天也。夫然後之中國。踐天子位焉。而居堯之宮。逼堯之子。是篡也。非天與也。泰誓曰。天視自我民視。天聽自我民聽。此之謂也。天與之。民與之。則可以得天下。而民之所欲。天又必從之。是民與之。天未有不與之者。民棄之。天未有不廢之者。桀之亡也。其民曰。時日曷喪。予及女偕亡。紂之亡也。其民曰。天曷不降威。大命不摯。是皆民棄之也。故孟子曰。桀紂之失天下也。失其民也。失其民者。失其心也。得天下有道。得其民。斯得天下矣。得其民有道。得其心。斯得其民矣。得其心有道。所欲與之聚之。所惡勿施爾也。五子之歌曰。民可近。不可下。民爲邦本。本固邦甯。故欲得天下者。必先得民也。孟子曰。民爲貴。社稷次之。君爲輕。是故得乎丘民。而爲天子。得乎天子。而爲諸侯。得乎諸侯。而爲大夫。又曰。諸侯之寶三。土地。人民。政事。寶珠玉者。殃必及身。此皆中國古代民本主義之精神也。春秋時賢士大夫類多知之。

左傳襄公二十五年。崔武子見棠姜而美之。遂取之。莊公通焉。崔子弑之。晏子立于崔氏之門外。其人曰。死乎。曰。獨吾君也乎哉。吾死也。曰行乎。曰。吾罪也乎哉。吾行也。曰。歸乎。曰君死安歸。君民者。豈以陵民。社稷是主。臣君者。豈爲其口實。社稷是養。故君爲社稷死。則死之。爲社稷亡。則亡之。若爲己死。而爲己亡。非其私暱。誰敢任之。

陵民則不能主其社稷。此民本主義。非特賢士大夫知之也。小國之君亦深知之。

左傳文公十三年，邾文公卜遷于繹。史曰。利于民而不利于君。邾子曰。苟利于民。孤之利也。天生民而樹之君。以利之也。民旣利焉。孤必與之。左右曰。命可長也。君何弗爲。邾子曰。命在養民。命之短長時也。民苟利矣。遷也。吉莫知之。

非特春秋時小國之君知之也。雖戰國時之婦人女子。亦深知之。

趙策。齊王使使者問趙威后。書未發。威后問使者曰。歲亦無恙邪。民亦無恙邪。王亦無恙邪。使者不說曰。臣奉使使威后。今不問王。而先問歲與民。豈先賤而後尊貴者乎。威后曰。不然。苟無歲。何有民。苟無民。何有君。故有問。舍本而問末者邪。乃進而問之曰。齊有處士鍾離子無恙邪。是其爲人也。有糧者亦食。無糧者亦食。有衣者亦衣。無衣者亦衣。是助王養其民者也。何爲至今不業也。葉陽子無恙耶。是其爲人也。哀鰥寡。恤孤獨。振困窮。補不足。是助王息其民者也。何以至今不業也。北宮之女嬰兒子無恙邪。徹其環瑱。至老不嫁。以養父母。是皆率民而出于孝情者也。胡爲至今不朝也。此二士弗業。一女不朝。何以王齊國子萬民乎。於陵子仲尚足乎。是其爲人也。上不臣于王。下不治其家。中不率交諸侯。此率民而出于無用者也。何爲至今不殺乎。

威后此問。無一語不以人民爲主。非深悉民本主義者。孰能道之。

第二節　政府與人民之關係

一　代天牧民

政府之于民也。曰克相上帝。寵綏四方。以作民父母。民之于政府也。曰天視自我民視。天聽自我民聽。曰四海困窮。天祿永終。其關係如此。故大禹謨曰。可愛非君。可畏非民。衆非元后何戴。后非衆罔與守邦。伊尹謂太甲曰。民非后罔克胥匡以生。后非民罔以辟四方。又曰。后非民罔使。民非后罔事。關係如此。將何以維持之。

大禹謨曰。愼乃有位。敬修其可願。伊尹曰。先王子惠困窮。民服厥命。罔有不悅。竝其有邦厥鄰。乃曰。傒我后。后來無罰。又曰。皇天無親。克敬惟親。民罔常懷。懷于有仁。鬼神無常享。享于克誠。天位艱哉。……先王維時懋敬厥德。克配上帝。今王嗣有令緒。尙監茲哉。又曰。無自廣以狹人。匹夫匹婦。不獲自盡。民主罔與成厥功。是政府與人民關係之所賴以維持者。在政府能敬修其可願。子惠困窮。懋敬厥德。而不自廣以狹人也。其動機皆在政府也。

周公謂成王曰。嗚呼。我聞曰。昔在殷王中宗。嚴恭寅畏。天命自度。治民祗懼。不敢荒甯。……其在高宗。舊勞于外。爰暨小人。作其卽位。乃或亮陰。三年不言。其惟不言。言乃雍。不敢荒甯。嘉靖殷邦。至于小大。無時或怨。……其在祖甲。不義惟王。舊爲小人。作其卽位。爰知小人之依。能保惠于庶民。不敢侮鰥寡。……周公曰。嗚呼。厥亦惟我周太王王季。克自抑畏。文王卑服。卽康功田功。徽柔懿恭。懷保小民。惠鮮鰥寡。自朝至于日中昃。不遑暇食。用咸和萬民。文王不敢盤于遊田。以庶邦惟正之供。……周公曰。嗚呼。自殷王中宗。及高宗。及祖甲。及我周文王。茲四人迪哲。厥或告之曰。小人怨汝詈汝。則皇自敬德。厥愆曰朕之愆。允若是。不啻不敢含怒。此厥不聽。人乃或譸張爲幻。曰小人怨汝詈汝。汝則信之。則若是。不永念厥辟。不寬綽厥心。亂罰無罪。殺無辜。怨有同。是叢于厥身。所謂治民祗懼也。小大無怨也。保惠庶民也。懷保小民也。咸和萬民也。引咎自責也。皆以百姓爲本。而不敢侮蔑之也。

人民之可畏如此。政府與人民關係之微妙又如此。故召誥曰。惟皇上帝。改厥元子。茲大國殷之命。惟王受命。無疆惟休。亦無疆惟恤。嗚呼。曷其奈何不敬。康誥曰。嗚呼。小子封。恫瘝乃身。敬哉。天畏棐忱。民情大可見。小人難保。往盡乃心。無康好逸豫。乃其乂民。我聞曰。怨不在小。亦不在大。惠不惠。懋不懋。君牙曰。夏暑雨。小民惟曰怨咨。冬祁寒。小民亦惟曰怨咨。厥惟艱哉。思其艱。以圖其易。民乃甯。

綜上以觀。堯舜禹湯伊尹周公成王。無不恭敬民事。不敢怠荒。以子惠百姓。而保持其與人民之關係。所以然者何也。洪範曰。天子作民父母。以爲天下王。惟其能爲民之父母也。然後可以爲天下王。故詩曰。樂只君子。民之父母。中庸釋之曰。民之所好好之。民之所惡惡之。此之謂民之父母。孟子所謂所欲與之聚之。所惡勿施爾也。使政府而不子惠困窮。不以民之父母自任。是自絕于民也。自絕于民。是自絕于天也。是不相上帝以寵綏四方也。何以言之。

孟子謂齊宣王曰。王之臣有托其妻子而之楚遊者。比其反也。則凍餒其妻子。則如之何。王曰。棄之。曰。士師不能治士。則如之何。王曰。已之。曰。四境之內不治。則如之何。王顧左右而言他。

孟子之平陸。謂其大夫曰。子之持戟之士。一日而三失伍。則去之否乎。曰不待三。然則子之失伍也。亦多矣。凶年饑歲。子之民。老羸轉乎溝壑。壯者散而之四方者。幾千人矣。曰此非距心之所得爲也。曰今有受人之牛羊而爲之牧之者。則必爲之求牧與芻矣。求牧與芻而不得。

則反諸其人乎。抑亦立而視其死與。曰。此則距心之罪也。他日見于王曰。王之爲都者。臣知五人焉。知其罪者。惟孔距心。爲王誦之。王曰。此則寡人之罪也。大夫而不能治其境。是有負于君之托也。君民者而不能治其國。是有負于天之托也。有負于天之托者。是有負于民也。

二　民本主義

左傳襄公十四年。師曠與晉侯論衞出其君曰。良君將賞善而刑淫。養民如子。蓋之如天。容之如地。民奉其君。愛之如父母。仰之如日月。敬之如神明。畏之如雷霆。其可出乎。夫君。神之主而民之望也。若困民之主。匱神乏祀。百姓絕望。社稷無主。將安用之。弗去何爲。天生民而立之君。使司牧之。勿使失性。有君而爲之貳。使師保之。勿使過度。是故天子有公。諸侯有卿。卿置側室。大夫有貳宗。士有朋友。庶人工商皂隸牧圉皆有親暱。以相輔佐也。善則賞之。過則匡之。患則救之。失則革之。自王以下。各有父子兄弟。以補察其政。史爲書。瞽爲詩。工誦箴諫。大夫規誨。士傳言。庶人謗。商旅于市。百工獻藝。故夏書曰。遒人以木鐸徇于路。工執藝事以諫。正月孟春。於是乎有之。諫失常也。天之愛民甚矣。豈其使一人肆于民上。以從其淫。而棄天地之性。必不然矣。

天生民而立之君。使司牧之。勿使失性。是天之立君。爲愛民也。而君民者。則孟子所謂受天之托。以代天牧民者也。使君民者。而棄其司牧之責。使百姓絕望。則將何如。夏書曰。太康尸位。以逸豫滅厥德。黎民咸貳。乃盤遊無度。畋于有洛之表。十旬弗反。有窮后羿。因民弗忍。距于河。厥弟五人。御其母以從。徯于洛之汭。五子咸怨。述大禹之戒以作歌。其一曰。皇祖有訓。民可近。不可下。民惟邦本。本固邦寧。予視天下。匹夫匹婦。一能勝予。一人三失。怨豈在明。不見是圖。予臨兆民。懍乎若朽索之馭六馬。爲民上者。奈何不敬。……其五曰。嗚呼曷歸。予懷之悲。萬姓仇予。予將疇依。鬱陶乎予心。顏厚有忸怩。弗慎厥德。雖悔可追。是君民者。如以逸豫滅厥德。不理民事。則百姓將視同仇讎。而弗納之也。故泰誓曰。古人有言曰。撫我則后。虐我則仇。今商王受。洪惟作威。乃汝世讎。樹德務滋。除惡務本。肆予小子。誕以爾衆士。殄殲乃仇。是君民者。暴虐百姓。則其臣下得起而殄殲之也。非特臣下可以革君之命也。凡民均得擯棄之。魏風之詩曰。

碩鼠碩鼠。無食我黍。三歲貫女。莫我肯顧。逝將去汝。適彼樂土。樂土樂土。爰得我所。

碩鼠碩鼠。無食我麥。三歲貫女。莫我肯德。逝將去女。適彼樂國。樂國樂國。爰得我直。

碩鼠碩鼠。無食我苗。三歲貫女。莫我肯勞。逝將去女。適彼樂郊。樂郊樂郊。誰之永號。

民之于君。本無所私。伊尹所謂皇天無親。克敬惟親。民罔常懷。懷于有仁是也。故仁者歸之。不仁者去之。孟子曰。民之歸仁也。猶水之就下。獸之走壙也。故爲淵敺魚者獺也。爲叢敺爵者鸇也。爲湯武敺民者桀與紂也。彼身爲湯武敺民。又焉得而不爲獨夫哉。故齊宣王問于孟子曰。湯放桀。武王伐紂有諸。孟子對曰。于傳有之。曰。臣弒其君可乎。曰賊仁者謂之賊。賊義者謂之殘。殘賊之人。謂之一夫。聞誅一夫紂矣。未聞弑君也。然則人民之于政府。其關係竟如此之冷酷乎。是又不然。亦在政府之能否盡其爲民父母之職而已。

生民之詩曰。泂酌彼行潦。挹彼注茲。可以餴饎。豈弟君子。民之父母。泂酌彼行潦。挹彼注茲。可以濯罍。豈弟君子。民之攸歸。泂酌彼行潦。挹彼注茲。豈弟君子。民之攸墍。召南之詩曰。蔽芾甘棠。勿翦勿伐。召伯所茇。蔽芾甘棠。勿翦勿敗。召伯所憩。蔽芾甘棠。勿翦勿拜。召伯所說。鄭風之詩曰。緇衣之宜兮。敝予又改爲兮。適子之館兮。還予授子之粲兮。緇衣之好兮。敝予又改造兮。適子之館兮。還予授子之粲兮。是政府苟能予惠困窮。百姓未有不仰之如父母。凡其衣食之源。無不樂爲之供應。卽其一草一木。亦莫不珍愛之者。而況有所經營。百姓安有不爲之奔走者。何以言之。孟子見梁惠王。王立于沼上。顧鴻雁麋鹿。曰賢者亦樂此乎。孟子對曰。賢者而後樂此。不賢者雖有此不樂也。詩云。經始靈臺。經之營之。庶民攻之。不日成之。經始勿亟。庶民子來。王在靈囿。麀鹿濯濯。白鳥鶴鶴。王在靈沼。於牣魚躍。文王以民力爲臺爲沼。而民歡樂之。謂其臺曰靈臺。謂其沼曰靈沼。樂其有麋鹿魚鼈。古之人與民偕樂。故能樂也。湯誓曰。時日曷喪。予及女偕亡。民欲與之偕亡。雖有臺池鳥獸。豈能獨樂哉。

與民同樂則能樂。不與民同樂則不能樂。得乎丘民。則爲天子。不得乎丘民。則不得爲天子也。故齊宣王見孟子于雪宮。曰。賢者亦有此樂乎。孟子對曰。有。人不得則非其上矣。不得而非其上者。非也。爲民上而不與民同樂者。亦非也。樂民之樂者。民亦樂其樂。憂民之憂者。民亦憂其憂。樂以天下。憂以天下。然而不王者。未之有也。惟其與民同憂樂也。故孟子曰。以佚道使民。雖勞不怨。以生道殺民。雖死不怨殺者。能同憂樂。則能同死生也。故孟子子又曰。霸者之民。驩虞如也。王者之民。皞皞如也。殺之而不怨。利之而不庸。民日遷善而不知爲之者。殺以生民而殺。利以養民而利。孔子所謂擇可勞而勞之。因民之所利而利之。是生死利害。均與民同之也。是民本主義之極則也。

三　民本主義之實行

民本主義。自堯舜創始以來。至春秋戰國之際。可謂已成鐵則。請舉春秋時事數則以明之。（左傳僖公十三年。晉饑。秦輸之粟。次年。秦饑。晉閉之糴。十五年。穆公帥師侵晉。虜惠公以歸。）晉語。公在秦三月。聞秦將成。乃使郤乞告呂甥。呂甥教之言令。令國人于朝曰。君使乞告二三子曰。秦將歸寡人。寡人不足以辱社稷。二三子其改置以代圉也。且賞以悅衆。衆皆哭焉。作轅田。呂甥致衆而告之曰。吾君慚焉。其亡之不恤。羣臣是憂。不亦惠乎。君猶在外。若何。衆曰。何爲而可。呂甥曰。以韓之病。兵甲盡矣。若徵繕以輔孺子。以爲君援。雖四鄰之聞之也。喪君有君。羣臣輯睦。兵甲益多。好我者勸。惡我者懼。庶有益乎。衆皆悅焉。作州兵。

呂甥之謀。雖實爲君。而必假借民衆。以行其計。其所謂國人。謂二三子。謂衆。謂羣臣。度其意。或如孟子所謂爲政不難。不得罪于巨室之巨室。足以代表民意。如後世之鄉紳耆老。或各業代表之類者。故能作轅田。作州兵也。夫聚民衆之代表。而與之謀國事。以爲外交後援。非深識民本主義者。計不出及也。故左氏記呂甥與穆公之語曰。

十月。晉陰飴甥會秦伯盟于王城。秦伯曰。晉國和乎。對曰。不和。小人恥失其君。而悼喪其親。不憚征繕以立圉也。曰必報讎。寧事戎狄。君子愛其君。而知其罪。不憚征繕。以待秦命。曰必報德。有死無二。以此不和。秦伯曰。國謂君何。對曰。小人慼。謂之不免。君子恕。以爲必歸。小人曰。我毒秦。秦豈歸君。君子曰。我知罪矣。秦必歸君。貳而執之。服而舍之。德莫厚焉。刑莫威焉。此一役也。秦可以霸。納而不定。廢而不立。以德爲怨。秦不其然。秦伯曰。是吾心也。改館晉侯。饋七牢焉。故晉侯之歸。有賴于呂甥假借民本主義之謀也。

又左傳僖公二十八年。晉侯侵曹伐衞。衞侯欲與楚。國人不欲。故出其君。以說于晉。……晉人復衞侯。寧武子與衞人盟于宛濮。曰。天禍衞國。君臣不協。以及此憂也。今天誘其衷。使皆降心以相從也。不有居者。誰守社稷。不有行者。誰扞牧圉。不協之故。用昭乞盟于爾大神。以誘天衷。自今日以往。既盟之後。行者無保其力。居者無懼其罪。有渝此盟。以相及民也。明神先君。是糾是殛。國人得此盟也。而後不貳。是出君復君之權。皆操于國人也。民本主義之盛。孰有過于是者。

又左傳哀公元年。吳之入楚也。（定公四年。闔廬破楚入郢。）使召陳懷公。懷公朝國人而問焉。曰。欲與楚者右。欲與吳者左。陳人從田。無田從黨。是國家有疑難大事。又取決于民也。現代民治國家。亦無有過于是矣。

綜上以觀。中國古代之人君。雖名爲天子。而實爲公僕。其國家之興廢存亡。無往而不以人君之能否修德以得民心爲斷。所謂道得衆。則得國。失衆。則失國。此中國古代政治思想之中堅也。

第二章 養民

第一節 民生

一 民食

孟子曰。人皆有不忍人之心。先王有不忍人之心。斯有不忍人之政矣。所謂以不忍人之心。行不忍人之政者何也。孟子曰。當堯之時。天下猶未平。洪水橫流。氾濫于中國。獸蹄鳥跡之道。交于中國。堯獨憂之。舉舜而敷治焉。舜使益掌火。益烈山澤而焚之。禹疏九河。瀹濟漯而注諸海。決汝漢。排淮泗。而注之江。然後中國可得而食也。后稷教民稼穡。樹藝五穀。五穀熟而民人育。當是時也。禹八年于外。三過其門而不入。故益稷曰。娶于塗山。辛壬癸甲。啓呱呱而泣。予弗子。惟荒度土功。所以然者。何也。孟子曰。禹思天下有溺者。猶己溺之也。稷思天下有飢者。猶己飢之也。是以如是其急也。是不忍人之心爲之也。故益稷又曰。洪水滔天。浩浩懷山襄陵。下民昏墊。予乘四載。隨山刊木。曁益奏庶鮮食。予決九川。距四海。濬畎澮。距川。曁稷播。奏庶艱食鮮食。懋遷有無化居。烝民乃粒。萬邦作乂。故曰。先王有不忍人之心。斯有不忍人之政也。不忍人之政唯何。子育萬民是也。

舜咨十二牧。首曰食哉惟時。其咨四岳。首命禹爲司空。使平水土。而卽繼之曰棄后稷。黎民阻飢。汝后稷。播時百穀。而復之以垂爲共工。益掌草木鳥獸。以安民居。禹之答舜也。亦曰德惟善政。政在養民。而其養民之道。則曰利用厚生。舜堯禹稷之孜孜以民生爲急務者。不忍人之心爲之也。易傳曰。天地之大德曰生。天子承天之命。以保育萬民。斯不得不以民生爲急務也。

太甲曰。先王子惠困窮。民服厥命。無逸曰。君子所其無逸。先知稼穡之艱難。乃逸。則知小人之依。酒誥曰。文王誥教小子。惟土物愛。厥心臧。聰聽祖考之彝訓。越小大德。小子惟一。妹土。嗣爾股肱。純其藝黍稷。奔走事厥考厥長。肇牽車牛。遠服賈。用孝養厥父母。蓋自堯舜禹湯伊尹以迄周公。無不以養民爲政。而其養民。又無不以民食爲先。其重民食之旨。且譜之于詩歌。薦之于淸廟。以教天下。

豳風之詩曰。七月流火。九月授衣。一之日觱發。二之日栗烈。無衣無褐。何以卒歲。三之日于耜。四之日舉趾。同我婦子。饁彼南畝。田畯至喜。六月食鬱及薁。七月烹葵及菽。八月剝棗。十月穫稻。爲此春酒。以介眉壽。七月食瓜。八月斷壺。九月叔苴。采荼薪樗。食我農夫。九月築場圃。十月納禾稼。黍稷重穋。黍麻菽麥。嗟我農夫。我稼既同。上入執宮功。晝爾于茅。宵爾索綯。亟其乘屋。其始播百穀。

大田之詩曰。大田既稼。既種既戒。既備乃事。以我覃耜。俶載南畝。播厥百穀。既庭且碩。曾孫是若。既方既皁。既堅既好。不稂不莠。去其螟螣。及其蟊賊。無害我田穉。田祖有神。秉畀炎火。有渰萋萋。興雨祁祁。雨我公田。遂及我私。彼有不穫穉。此有不斂穧。

彼有遺秉。此有滯穗。伊寡婦之利。　曾孫來止。以其婦子。饁彼南畝。田畯至喜。來方禋祀。以其騂黑。與其黍稷。以享以祀。以介景福。

淸廟之詩曰。思文后稷。克配彼天。立我烝民。莫非爾極。貽我來牟。帝命率育。無此疆爾界。陳常于時夏。

臣工之詩曰。噫嘻成王。既昭格爾。率時農夫。播厥百穀。駿發爾私。終三十里。爾服爾耕。十千維耦。　又曰。豐年多黍多稌。亦有倉廩。萬億及秭。爲酒爲醴。烝畀祖妣。以洽百禮。降福孔皆。

載芟之詩曰。　載芟載柞。其耕澤澤。千耦其耘。徂隰徂畛。侯主侯伯。侯亞侯旅。侯彊侯以。有貪其饁。思媚其婦。有依其士。有略其耜。俶載南畝。播厥百穀。實涵斯活。驛驛其達。有厭其傑。厭厭其苗。緜緜其麃。　載穫濟濟。有實其積。萬億及秭。爲酒爲醴。烝畀祖妣。以洽百禮。有飶其香。邦家之光。有椒其馨。胡考之寧。匪且有且。匪今斯今。振古如茲。

吾人讀此數篇。則周初注意民食之旨。已可想見一斑。其後嗣王有不重民食者。則知者非之。周語。宣王卽位。不籍千畝。虢文公諫曰。不可。夫民之大事在農。上帝之粢盛。于是乎出。民之蕃庶。于是乎生。事之供給。于是乎在。和協輯睦。于是乎興。財用蕃殖。于是乎始。敦厖純固。于是乎成。是故稷爲天官。古者。太史順時覛土。……及期。……王祼鬯饗醴乃行。百吏庶民畢從。及籍。太史贊王。王敬從之。王耕一墢。班三之。庶民終于千畝。……稷則徧戒百姓。紀農協功。曰陰陽分布。震雷出滯。土不備墾。辟在司寇。乃命其旅曰。徇。農師一之。農正再之。后稷三之。司空四之。司徒五之。太保六之。太師七之。太史八之。宗伯九徇。耨穫亦如之。民用莫不震動。恪恭于農。修其疆畔。日服其鎛。不解于時。財用不乏。民之。王則大用和同。是時也。王事唯農是務。無以求利于其官。以干農功。三時務農。而一時武。故征則有威。守則有財……。今天子欲修其先王之緒。而棄其大功。匱神乏祀。而困民之財。將何以求福用民。王不聽。三十九年。戰于千畝。王師敗績于姜氏之戎。此言不重民食者。當引以爲戒也。

孔子論政。亦以民食爲先。子貢問政。子曰。足食足兵。民信之矣。子適衞。冉有僕。子曰庶矣哉。冉有曰。既庶矣。又何加焉。曰富之。既富矣。又何加焉。曰教之。是既富然後可以言教也。管子曰。凡有地牧民者。務在四時。守在倉廩。國多財。則遠者來。地辟舉。則民留處。倉廩實。則知禮節。衣食足。則知榮辱……不務天時則財不生。不務地利。則倉廩不盈。野蕪曠。則民乃管。上無量。則民乃妄。又曰。積于不涸之倉。藏于不竭之府……積于不涸之倉者。務五穀也。藏于不竭之府者。養桑麻育六畜也……務五穀。則食足。養桑麻育六畜。則民富。倉廩實。則知禮節。衣食足。則知榮辱。管子畢生政治之精華也。大禹謨曰。德惟善政。政在養民。至管子可謂始得一簡確之說明。

二　恆產

所謂倉廩實則知禮節。衣食足則知榮辱者何也。

孟子謂滕文公曰。民之爲道也。有恆產者。有恆心。無恆產者。無恆心。苟無恆心。放僻邪侈。無不爲已。及陷于罪。然後從而刑之。是罔民也。焉有仁人在位。罔民而可爲也。故曰衣食足則知榮辱也。故孟子告齊宣王也。亦曰。無恆產而有恆心者。惟士爲能。若民則無恆產。因無恆心。苟無恆心。放僻邪侈。無不爲已。及陷于罪。然後從而刑之。是罔民也。焉有仁人在位。罔民而可爲也。然則明君制民之產。將如之何。

孟子曰。必使仰足以事父母。俯足以畜妻子。樂歲終身飽。凶年免於死亡。然後驅而之善。故民之從之也輕。今也制民之產。仰不足以事父母。俯不足以畜妻子。樂歲終身苦。凶年不免於死亡。此惟救死而恐不贍。奚暇治禮義哉。此謂倉廩不實。則民不知禮節。衣食不足。則民不知榮辱也。故仰事俯畜。爲孟子養民政策之最低目標。然則如何而可以致此。

孟子謂梁惠王曰。不違農時。五穀不可勝食也。數罟不入汚池。魚鼈不可勝食也。斧斤以時入山林。材木不可勝用也。穀與魚鼈。不可勝食。材木不可勝用。是使民養生送死無憾也。養生送死無憾。王道之始也。五畝之宅。樹之以桑。五十者可以衣帛矣。雞豚狗彘之畜。無失其時。七十者可以食肉矣。百畝之田。勿奪其時。八口之家。可以無飢矣。謹庠序之教。中之以孝弟之義。頒白者不負戴于道路矣。七十者衣帛食肉。黎民不飢不寒。然而不王者。未之有也。此孟子之所津津樂道者也。然則實行之法如之何。

孟子謂畢戰曰。子之君將行仁政。選擇而使子。子必勉之。夫仁政必自經界始。經界不正。井地不均。穀祿不平。是故暴君汚吏。必慢其經界。經界既正。分田制祿。可坐而定也。夫滕壤地褊小。將爲君子與。將爲野人與。無君子莫治野人。無野人莫養君子。請野九一而助。國中什一使自賦。卿以下必有圭田。圭田五十畝。餘夫二十五畝。死徙無出鄉。鄉田同井。出入相友。守望相助。疾病相扶持。則百姓親睦。方里而井。井九百畝。其中爲公田。八家皆私百畝。同養公田。公事畢。然後敢治私事。所以別野人也。此其大略也。若夫潤澤之。則在君與子矣。井田之制。在孟子時已爲暴君汚吏所壞。故欲行仁政。必自經界始。經界既正。則一夫百畝。百畝之糞。上農夫食九人。上次食八人。中食七人。中次食六人。下食五人。故百畝之田。勿奪其時。數口之家。可以無飢。於是民有恆產。仰足以事父母。俯足以畜妻子。養生送死。均無憾矣。然後教之以禮樂。申之以孝弟之義。則天下自平治矣。故曰王道之始也。

管子曰。政之所興。在順民心。政之所廢。在逆民心。民惡憂勞。我佚樂之。民惡貧賤。我富貴之。民惡危墜。我存安之。民惡滅絕。我生育之。能佚樂之。則民爲之憂勞。能富貴之。則民爲之貧賤。能存安之。則民爲之危墜。能生育之。則民爲之滅絕。然則佚樂之。富貴之。存安之。生育之之道何在。制民之產。使之足以仰事俯畜而無奪其時而已。能如是。則養生送死均無憾。故曰德惟善政。政在養民也。故舜之治也。康衢老人擊壤而歌曰。日出而作。日入而息。鑿井而飲。耕田而食。帝力何有于我哉。故老子曰。太上民不知有之。以其無苛政之擾也。故老子又曰。至治之極。鄰國相望。雞犬之聲相聞。民各甘其食。美其服。安其俗。老死不相往來。非虛語也。旣無苛政之擾。而又自足自給。故能爲之也。此養民政策之極則也。而其本則在人人均有生育存安之道。

王制曰。凡居民。量地以制邑。度地以居民。地邑民居。必參相得也。無曠土。無游民。食節事時。民咸安其居。樂事勸功。尊君親上。井田者。所以使地無曠土。人無游民。使民安居樂業。得生育存安之道也。孔子曰。吾聞有國家者。不患寡。而患不均。不患貧。而患不安。蓋均無貧。和無寡。安無傾。井田者。所以均富和民而使國家得安也。較之今之蘇維埃制度。愈乎不愈乎。若夫時易勢殊。今昔人口密度不同。則孟子所謂潤澤之則在行之者也。孔子曰。文武之政。布在方策。其人存則其政舉。其人亡則其政熄。誦詩三百。授之以政。不達。使于四方。不能專對。雖多亦奚以爲。興革之際。爲政固在人也。

第二節　國用

一　財聚民散

國用之源。首重生產。大學曰。生財有大道。生之者衆。食之者寡。爲之者急。用之者舒。則財恆足矣。詩曰。坎坎伐檀兮。置之河之干兮。河水淸且漣漪。不稼不穡。胡取禾三百廛兮。不狩不獵。胡瞻爾庭。有縣貊兮。彼君子兮。不素餐兮。此譏消耗而不生產者之爲民蠹也。國蠹多。則苛政隨之矣。

檀弓孔子過泰山側。有婦人哭于墓者而哀。夫子式而聽之。使子路問之曰。子之哭。壹似重有憂者。而曰然。昔者吾舅死于虎。吾夫又死焉。今吾子又死焉。夫子曰。何爲不去也。曰。無苛政。夫子曰。小子識之。苛政猛于虎也。無苛政雖有虎亦不去也。有苛政雖無虎亦去之矣。

詩曰。碩鼠碩鼠。無食我黍。三歲貫女。莫我肯顧。逝將去汝。適彼樂土。樂土樂土。爰得我所。人民離心離德。相率而去之。無人之國。欲富得乎。

大學曰。是故君子先愼乎德。有德此有人。有人此有土。有土此有財。有財此有用。德者本也。財者末也。外本內末。爭民施奪。是故財聚則民散。財散則民聚。是故言悖而出者。亦悖而入。貨悖而入者。亦悖而出。孟獻子曰。畜馬乘。不察于雞豚。伐冰之家。不畜牛羊。百乘之家。不畜聚斂之臣。與其有聚斂之臣。甯有盜臣。此謂國。不以利爲利。以義爲利也。長國家而務財用者。必自小人矣。小人之使爲國家。菑害並至。雖有善者。亦莫如之何矣。此謂國。不以利爲利。以義爲利也。

小人而長國家。則必爲聚斂之臣。財聚則民散。故曰。災害並至。雖有善者。亦莫如之何也。何以知其然也。

孟子見梁惠王。王曰。叟。不遠千里而來。亦將有以利吾國乎。孟子曰。王何必曰利。亦有仁義而已矣。王曰。何以利吾國。大夫曰。何以利吾家。士庶人曰。何以利吾身。上下交征利。而國危矣。萬乘之國。弑其君者。必千乘之家。千乘之國。弑其君者。必百乘之家。萬取千焉。千取百焉。不爲不多矣。苟爲後義而先利。不奪不饜。未有仁而遺其親者也。未有義而後其君者也。上下交征利。不奪不饜。則民遺其親。而後其君矣。何以知之。

鄒與魯鬨。穆公問曰。吾有司死者三十三人。而民莫之死也。誅之則不可勝誅。不誅則疾視其長上之死而不救。如之何則可。孟子對曰。凶年饑歲。君之民老弱轉乎溝壑。壯者散而之四方者。幾千人矣。而君之倉廩實。府庫充。有司莫以告。是上慢而殘下也。曾子曰。戒之戒之。出乎爾者。反乎爾者也。夫民今而後得反之也。君無尤焉。君行仁政。斯民親其上。死其長矣。凶年饑歲。君之民。老弱轉乎溝壑。壯者散而之四方。而君之倉廩實。府庫充。有司莫以告。是上下交征。不奪不饜。聚斂之甚者也。兩國交鬨。有司死者三十三人。而民莫之死也。又何怪乎。

孟子謂梁惠王曰。殺人以梃與刃。有以異乎。曰。無以異也。曰。以刃與政。有以異乎。曰。無以異也。曰。庖有肥肉。廐有肥馬。民有飢色。野有餓莩。此率獸而食人也。獸相食。人且惡之。爲民父母行政。不免于率獸而食人。惡在其爲民父母也。仲尼曰。始作俑者。其無後乎。爲其象人而用之也。如之何其使斯民飢而死也。聚斂之甚。以至于率獸食人。故曰。苛政猛于虎也。

孟子曰。殺人之父者。人亦殺其父。殺人之兄者。人亦殺其兄。然則非自殺之也。一間耳。是故言悖而出者。亦悖而入。貨悖而入者。亦悖而出。苛政聚斂。不有甚于殺人越貨者與。殺人越貨。則其貨誰爲之守。其財誰爲之生哉。荀子王制篇曰。修禮者王。爲政者彊。取民者安。

聚斂者亡。故王者富民。霸者富士。僅存之國富大夫。亡國富筐篋。實府庫。筐篋已富。府庫已實。而百姓貧。夫是之謂上溢而下漏。入不可以守。出不可以戰。則傾覆滅亡。可立而待也。

二　財散民聚

然則國用不足若之何。哀公問于有若曰。年饑用不足。如之何。有若對曰。盍徹乎。曰二吾猶不足。如之何其徹也。曰。百姓足。君孰與不足。百姓不足。君孰與足。此所謂未有上好仁。而下不好義者也。未有好義。其事不終者也。未有府庫財。非其財者也。是藏富于民也。孟子曰。易其田疇。薄其稅斂。民可使富也。食之以時。用之以禮。財不可勝用也。民非水火不生活。昏暮叩人之門戶求水火。無弗與者。至足也。聖人治天下。使有菽粟如水火。菽粟如水火。而民焉有不仁者乎。故富民必先輕賦。賦輕則民自富而仁矣。故齊宣王問曰。王政可得聞與。孟子對曰。昔者太王之治岐也。耕者九一。仕者世祿。關市譏而不征。澤梁無禁。罪人不孥。老而無妻曰鰥。老而無夫曰寡。老而無子曰獨。幼而無父曰孤。此四者。天下之窮民而無告者也。文王發政施仁。必先斯四者。故欲養民。必先煢獨。大禹謨所謂不虐無告。而廢困窮。洪範所謂無虐煢獨是也。欲薄稅斂。則必九一。九一者。井田之制。所謂八家皆私百畝。同養公田。助而不稅是也。助而不稅。則取之于民也輕矣。取之于民也輕。民安有不富者乎。孟子謂滕文公曰。賢君必恭儉禮下。取于民有制。陽虎曰。爲仁不富矣。爲富不仁矣。夏后氏五十而貢。殷人七十而助。周人百畝而徹。其實皆什一也。徹者徹也。助者籍也。龍子曰。治地莫善于助。莫不善于貢。貢者校數歲之中以爲常。樂歲粒米狼戾。多取之而不爲虐。則寡取之。凶年糞其士田而不足。則必取盈焉。爲民父母行政。使民盻盻然將終歲勤動。不得以養其父母。又稱貸而益之。使老稚轉乎溝壑。惡在其爲民父母也。夫世祿。滕固行之矣。詩云。雨我公田。遂及我私。惟助爲有公田。由此觀之。雖周亦助也。

助者藉也。王制曰。古者公田藉而不稅。市廛而不稅。關譏而不征。林麓川澤。以時入而不禁。夫圭田無征。用民之力。歲不過三日。田里不粥。墓地不請。司空執度。度地。居民。山川沮澤。時四時。量地遠近。樂事任力。凡使民任老者之事。食壯者之食。耕者助而不稅。用民之力。歲不過三日。市廛而不稅。關譏不征。澤梁無禁。此蓋言太王文王之制也。無所謂賦稅也。九一之助。用民之力。歲不過三日而已。夫如是。天下之民。安得不歸之。

孟子曰。尊賢使能。俊傑在位。則天下之士。皆悅而願立于其朝矣。市廛而不征。法而不廛。則天下之商。皆悅而願藏于其市矣。關譏而不征。則天下之旅。皆悅而願出于其路矣。耕者助而不稅。則天下之農。皆悅而願耕于其野矣。廛無夫里之布。則天下之民。皆悅而願爲之氓矣。信能行此五者。則鄰國之民。仰之若父母矣。率其子弟。攻其父母。自生民以來。未有能濟者也。如此則無敵于天下。無敵于天下者。天吏也。然而不王者。未之有也。

何以知薄其稅斂。則天下之民皆悅而願歸之也。孟子曰。昔者太王居邠。狄人侵之。事之以皮幣。不得免焉。事之以犬馬。不得免焉。事之以珠玉。不得免焉。乃屬其耆老而告之曰。狄人之所欲者。吾土地也。吾聞之也。君子不以其所以養人者害人。二三子何患乎無君。我將去之。去邠。踰梁山。邑于岐山之下居焉。邠人曰。仁人也。不可失也。從之者如歸市。或曰。世守也。非身之所能爲也。效死勿去。夫何爲而致此也。曰。太王之治岐也。固耕者九一。仕者世祿。關市譏而不征。澤梁無禁。罪人不孥者也。故曰。薄其稅斂。可以致天下之民也。耕者。助而不稅。市廛而不征。法而不廛。廛無夫里之布。關市譏而不征。澤梁以時入而不禁。皆所謂藏富于民也。坊記曰。君子不盡利以遺民。詩云。彼有遺秉。此有不斂穧。伊寡婦之利。故君子仕則不稼。田則不漁。大學云。孟獻子曰。畜馬乘。不察于雞豚。伐冰之家。不畜牛羊。百乘之家。不畜聚斂之臣。蓋皆不盡利以遺民也。不盡利以遺民。則天下之民歸之。而生之者衆矣。生之者衆。食之者寡。爲之者疾。用之者舒。則財恆足矣。故曰。百姓足。君孰與不足。百姓不足。君孰與足。是以欲富民。必取之也輕也。苟其不然。盡民之利而取之。則財聚而民散矣。孟子曰。有布縷之征。粟米之征。力役之征。君子用其一。緩其二。用其二。而民有殍。用其三。而父子離。爲民父母行政。而使父子流離。惡在其爲民父母也。

白圭曰。吾欲二十而取一何如。孟子曰。子之道貉道也。萬室之國一人陶。則可乎。曰不可。器不足用也。曰。夫貉五穀不生。惟黍生之。無城郭宮室宗廟祭祀之禮。無諸侯幣帛饔飧。無百官有司。故二十取一而足也。今居中國。去人倫。無君子。如之何其可也。陶以寡。且不可以爲國。況無君子乎。欲輕之于堯舜之道者。大貉小貉也。欲重之于堯舜之道者。大桀小桀也。故國稅之重輕。視國用之大小以爲衡。國用之大小。又以國稅之重輕以爲節。要以藏富于民。取之于民者。用之于民。使民足以仰事俯畜。養生送死。均無憾焉而已。

第三節 調節

一 去奢泰

孔子曰。道千乘之國。敬事而信。節用而愛人。使民以時。節之彖曰。節以制度。不傷財。不害民。節者。損有餘以補不足。去奢泰以匡困乏。使儕于平者也。故王制曰。冢宰制國用。必于歲之杪。五穀皆入。然後制國用。用地大小。視年之豐耗。以三十年之通制國用。量入以爲出。國無九年之蓄曰不足。無六年之蓄曰急。無三年之蓄曰國非其國也。三年耕。必有一年之食。九年耕。必有三年之食。以三十年之通。雖有凶旱水歉。民無菜色。然後天子日食以舉樂。故曰。先天下之憂而憂。後天下之樂而樂也。

故孔子曰。禹吾無間然矣。菲飲食。而致孝乎鬼神。惡衣食。而致美乎黼冕。卑宮室。而盡力乎溝洫。禹吾無間然矣。周公曰。嗚呼。厥亦惟我周太王王季。克自抑畏。文王卑服。即康功田功。徽柔懿恭。懷保小民。惠鮮鰥寡。自朝至于日中昃。不遑暇食。用咸和萬民。是皆汲汲然以振困窮補不足爲事者也。

惟其如此也。故不敢殘民以自養。五子之歌曰。訓有之。內作色荒。外作禽荒。甘酒嗜音。峻宇彫牆。有一于此。未或不亡。仲虺之誥曰。惟王不邇聲色。不殖貨利。旅獒曰。不作無益害有益。功乃成。不貴異物賤用物。民乃足。犬馬非其土性不畜。珍禽奇獸。不育于國。不寶遠物。則遠人格。所寶惟賢。則邇人安。凡此者。皆去奢崇儉節用而愛人也。玉藻曰。君無故不殺牛。大夫無故殺羊。士無故不殺犬豕。年不順成。君衣布搢本。關梁不租。山澤列而不賦。土功不興。大夫不得造車馬。夫如是。則生之者衆。食之者寡。爲之者疾。用之者舒矣。孟子曰。不違農時。穀不可勝食也。數罟不入洿池。魚鼈不可勝食也。斧斤以時入山林。材木不可勝用也。墨子節用篇曰。聖人爲政一國。一國可倍也。大之爲政天下。天下可倍也。其倍之非外取地也。因其國家去其無足以倍之。聖王爲政。其發令興事。便民用財也。無不加用而爲者。是故用財不費。民德不勞。其興利多矣。其爲衣裘何以爲。冬以圉寒。夏以圉暑。凡爲衣裳之道。冬加溫。夏加凊者。芋䱉不加者去之。其爲宮室。何以爲。冬以圉風寒。夏以圉暑雨。有盜賊加固者。芋䱉不加者去之。是所謂節以制度也。節以制度。則不傷財不害民矣。

左傳閔公二年。衞文公大布之衣。大帛之冠。務材訓農。通商惠工。敬教勸學。授方任能。元年革車三十乘。季年乃三百乘。

又成公十八年。晉悼公卽位于朝。始命百官。施舍巳責。逮鰥寡。振廢滯。匡乏困。救災患。禁淫慝。薄賦歛。宥罪戾。節器用。時用民。欲無犯時。……舉不失職。官不易方。爵不踰德師不陵正。旅不偪師。民無謗言。所以復霸也。

又襄公九年。晉侯歸。謀所以息民。魏絳請施舍。輸積財以貸。自公以下。苟有積者盡出之。國無滯積。亦無困人。公無禁利。亦無貪民。祈以幣更。賓以特牲。器用不作。車服從給。行之期年。國乃有節。三駕而楚不能爭。

是二君者。皆以調節國用而致民富國強者也。以是知節用愛人。國未有不與者也

二　節物力

周語。定王使單襄公聘于宋。假道于陳。以聘于楚。火朝覿矣。道茀不可行。候不在疆。司空不視塗。澤不陂。水不梁。野有庾積。場功未畢。道無列樹。墾田若蓺。膳宰不致餼。司里不授館。國無寄寓。縣無施舍。民將築臺于夏氏。及陳。陳靈公與孔甯儀行父。南冠以如夏氏。留賓不見。單子歸告王曰。陳侯不有大咎。國必亡。王曰。何故。對曰。……先王之教曰。雨畢而除道。水涸而成梁。草木解節而備藏。隕霜而冬裘具。清風至而修城郭宮室。故夏令曰。九月除道。十月成梁。其時儆曰。收而場功。偫而畚梮。營室之中。土功其始。火之初見。期于司里。此先王所以不用財惠而廣施德于天下者也。今陳國火朝覿矣。而道路若塞。野場若棄。澤不陂障。川無舟梁。是廢先王之教也。周制有之曰。列樹以表道。立鄙食以守路。國有郊牧。疆有寓望。藪有圃草。囿有林池。所以禦災也。其餘無非穀土。民無懸耜。野無奧草。不奪民食。不蔑民功。有優無匱。有逸無罷。國有班事。縣有序民。今陳國道路不可知。田在

草間。功成而不收。民罷于逸樂。是棄先王之法制也。……廢其教。而棄其制。蔑其官。而犯其令。將何以守國。居大國之間。而無此四者。其能久乎。六年。單子如楚。八年。陳侯殺于夏氏。九年。楚子入陳。

由此觀之。國用之源。荒廢而不理。放棄而無調節。國未有不亡者也。所以然者何也。管子立政篇曰。君之所務者五。山澤不救于火。草木不植成。國之貧也。二曰溝瀆不遂隘。鄣水不安其藏。國之貧也。三曰。桑麻不畜于野。五穀不宜其地。國之貧也。四曰六畜不育于家。瓜瓠葷菜百果。不備具。國之貧也。五曰。工事競于刻鏤。女事繁于文章。國之貧也。……脩火憲。敬山澤。林藪積草。夫財之所出。以時禁發焉。使民于宮室之用。薪蒸之所積。虞師之事也。決水潦。通溝瀆。修鄣防。安水藏。使時水雖過度。無害于五穀。歲雖凶旱。有所秎穫。司空之事也。相高下。視肥墝。觀地宜。明昭期前後。農夫以時均修焉。使五穀桑麻。皆安其處。由田之事也。行鄉里。視宮室。觀樹藝。簡六畜。以時均修焉。勸勉百姓。使力作。毋偷懷。樂家室。重去鄉里。鄉師之事也。論百工。審時事。辨功苦。上完利。監壹五鄉。以時鈞修焉。使刻鏤文章。無敢造于鄉。工師之事也。

夫如是。則地無曠土。人無廢事。而國用之源裕矣。抑猶有進者。管子權修篇曰。地辟而國貧者。舟輿飾臺榭廣也。……舟輿飾。臺榭廣。則賦斂厚矣。……賦斂厚。則下怨上矣。故賦斂之厚。由于國用不節。而不知崇儉去奢也。不崇儉去奢。則國貧矣。何以知其然也。

管子曰。欲爲天下者。必重用其國。欲爲其國者。必重用其民。欲爲其民者。必重用其民力。無以畜之。則往而不可止也。無以牧之。則處而不可使也。……地之生財有時。民之用力有倦。而人君之欲無窮。以有時與有倦養無窮之君。而度量不生其間。則上下相疾也。是以臣有殺其君。子有殺其父者矣。故取于民有度。用之有止。國雖小必安。取于民無度。用之不止。國雖大必危。地之不辟者。非吾地也。民之不牧者。非吾民也。凡牧民者。以其所積者食之。不可不審也。其積多者其食多。其積寡者其食寡。無積者不食。或有積而不食者。則民離上。有積多而食寡者。則民不力。有積寡而食多者。則民多詐。有無積而徒食者。則民偸幸。故離上。不力。多詐。偸幸。舉事不成。應敵不用。

故善制國用者。食節事時。量入爲出。地無棄利。人無棄才。地無棄利。則地力節。人無棄才。則人力節。地力節則庶物繁。人力節。則事功倍。何以知其然也。

三　節人力

齊語。桓公曰。成民之事若何。管子對曰。四民者。勿使雜處。雜處則其言哤而事易。公曰。處士農工商若何。管子對曰。昔者聖王之處士也。使就間燕。處工就官府。處商就市井。處農就田野。今夫士。羣萃而州處。間燕則父與父言義。子與子言孝。其事君者言敬。其幼者言弟。少而習焉。其心安焉。不見異物而遷焉。是故其父兄之教。不肅而成。其子弟之學。不勞而能。夫是故士之子恆爲士。今夫工。羣萃而州處。審其四時。辨其功苦。權節其用。論比協材。旦暮從事。施于四方。以飭其子弟。相語以事。相示以巧。相陳以功。少而習焉。其心安焉。不見異物而遷焉。是故其父兄之教。不肅而成。其子弟之學。不勞而能。夫是故工之子恆爲工。今夫商。羣萃而州處。察其四時。而監其鄉之貲。以知其市之賈。負任擔荷。服牛軺馬。以周四方。以其所有。易其所無。市賤市貴。旦暮從事于此。以飭其子弟。相語以利。相示以賴。相陳以知賈。少而習焉。其心安焉。不見異物而遷焉。是故其父兄之教。不肅而成。其子弟之學。不勞而能。是故商之子恆爲商。今夫農。羣萃而州處。察其四時。權節其用。耒耜耞芟。及寒擊菒。除田以待時耕。及耕。深耕而疾擾之。以待時雨。時雨既至。挾其槍刈耨鎛。以旦暮從事于田野。……少而習焉。其心安焉。不見異物而遷焉。是故其父兄之教。不肅而成。其子弟之學。不勞而能。是故農之子恆爲農。

夫如是。故士農工商。各有恆業。各有恆心。其學不勞而能。故事半而功倍。是善節用其人力也。故善爲國者。不獨使地無棄利。人無棄才也。並能使地盡其利。人盡其才。不獨使地盡其利。人盡其才也。並能使地倍其利。人倍其才。去奢泰。禁文巧。則地倍其利矣。齊居處。壹視聽。則人倍其才矣。如是。則生之者衆。食之者寡。爲之者疾。用之者舒矣。故善制國用者。不獨善于開財之源也。並善於節財之流。故曰。不作無益害有益。功乃成。不貴異物賤用物。民乃足。不善制國用者。反是。田野不辟。而文巧蠭起。民罷于逸樂。而多詐僥幸。上下爭利。不奪不饜。孟子所謂狗彘食人食。而不知檢。塗有餓莩。而不知發者也。是重賦斂而不知節用也。

第三章　教民

第一節　禮

一　明倫

子適衞。冉有僕。子曰。庶矣哉。曰既庶矣。又何加焉。曰富之。既富矣。又何加焉。曰教之。書曰。資富能訓。又曰。既富方穀。蓋富之然後能教。富之卽須繼以教也。何以言之。孟子曰。人之爲道也。飽食煖衣。逸居而無教。則近于禽獸。聖人有憂之。使契爲司徒。教以人倫。父子有親。君臣有義。夫婦有別。長幼有序。朋友有信。放勳曰。勞之。來之。匡之。直之。輔之。翼之。使自得之。又從而振德之。大學曰。天命之謂性。率性之謂道。修道之謂教。父子之親也。君臣之義也。夫婦之別也。長幼之序也。朋友之信也。五者。是天下之達道也。入則有父子兄弟夫婦。出則有君臣朋友。故曰道也者。不可須臾離也。可離非道也。故修道之教。首重明倫。人倫明于上。則小民親于下。此舜所以于命禹平水土。棄爲后稷之後。而卽繼之曰。契。百姓不親。五品不遜。汝作司徒。敬敷五教在寬也。

齊景公問政于孔子。孔子對曰。君君臣臣。父父子子。公曰。善哉。信如君不君。臣不臣。父不父。子不子。雖有粟。吾得而食諸。蓋人倫明。則天下定。人倫泯。則天下亂。故孟子與滕文公論分田制祿。以養萬民之後。而卽繼之曰。設爲庠序學校以教之。庠者。養也。校者。教也。序者。射也。夏曰校。殷曰序。周曰庠。學則三代共之。皆所以明人倫也。

帝典曰。若稽古帝堯。曰。……克明峻德。以親九族。九族既睦。平章百姓。百姓昭明。協和萬邦。黎民於變時雍。堯之治天下也。固自明德以親九族始也。九族者。父子之倫也。大禹謨曰。正德利用厚生爲和。戒之用休。董之用威。勸之以九歌。俾勿壞。正德所以明倫也。戒之用休。董之用威。勸之以九歌。所謂教也。皋陶謨曰。都。愼厥身修。思永。惇敍九族。庶明勵翼。邇可遠在茲。……天敍有典。秩我五典五惇哉。天秩有禮。自我五禮五庸哉。五典者。五倫也。天敍也。惇敍九族。故明倫又自親親始也。故酒誥曰。文王誥教小子。惟士物厥心臧。聰聽祖考之彝訓。越小大德。小子惟一。妹士。嗣爾股肱。純其藝黍稷。奔走事厥考愛。厥長。肇牽車牛。遠服賈。用孝養厥父母。親親而敬長。敬長而忠君。忠君而信友。故五倫者。天下之達道也。禮者。修此者也。樂者。樂此者也。禮樂備。則五典惇。大禹所謂戒之用休。董之用威。勸之以九歌。俾勿壞也。故人倫者。禮樂刑政之源也。教之所由生也。

禮運曰。聖人能以天下爲一家。中國爲一人者。非意之也。必知其情。辟于其義。明于其利。達于其患。然後能爲之。何謂人情。喜怒哀懼愛惡欲七者。弗學而能。何謂人義。父慈子孝兄良弟弟夫義婦聽長惠幼順君仁臣忠。十者謂之人義。講信脩睦謂之人利。爭奪相殺。謂之人患。故聖人之所以治人七情。修十義。講信修睦。尙辭讓。去爭奪。舍禮何以治之。……四體既正。膚革充盈。人之肥也。父子篤。兄弟睦。夫婦和。家之肥也。大臣法。小臣廉。官職相序。君臣相正。國之肥也。天子以德爲車。以樂爲御。諸侯以禮相與。大夫以法相序。士以信相考。百姓以睦相守。天下之肥也。故禮者。所以惇敘五典者也。教民以禮。則人倫明而天下定矣。

孔子曰。上好禮。則民易使也。又曰。能以禮讓。爲國乎何有。不能以禮讓爲國。如禮何。又曰。道之以政。齊之以刑。民免而無恥。道之以德。齊之以禮。有恥且格。禮義興。則親親敬長。是非之心之所知也。故齊之以禮。有恥且格也。

左傳昭公二十八年。齊侯與晏子坐于路寢。公曰。善哉室。其誰有此乎。晏子曰。敢問何謂也。公曰。吾以爲在德。對曰。如君之言。其陳氏乎。陳氏雖無大德。而有施于民。豆區釜鍾之數。其取之公也薄。其施之于民也厚。公厚斂焉。陳氏厚施焉。民歸之矣。……公曰。善哉。是可若何。對曰。唯禮可以已之。在禮。家施不及國。民不遷。農不移。工賈不變。士不濫。官不慆。大夫不收公利。公曰。善哉。我不能矣。吾今而後知禮之可以爲國也。對曰。禮之可以爲國也久矣。與天地並。君令而不違。臣共而不貳。父慈而教。子孝而箴。兄愛而友。弟順而敬。夫和而義。妻柔而正。姑慈而從。婦聽而婉。禮之善物也。公曰善哉。寡人今而後聞禮之上也。故曰。禮者。所以明人倫而定天下也。教之始也。

二　善俗

鄘風之詩曰。相鼠有皮。人而無儀。人而無儀。不死何爲。相鼠有齒。人而無止。人而無止。

不死何俟。相鼠有體。人而無禮。人而無禮。胡不遄死。人而無禮。詩人何以惡之如此之甚也。曲禮曰。鸚鵡能言。不離飛鳥。猩猩能言。不離走獸。今人而無禮。雖能言。不亦禽獸之心乎。夫唯禽獸無禮。故父子聚麀。是以聖人作爲禮以教人。使人以有禮知自別于禽獸。人而無禮。不獨父子聚麀也。男女無別。兄弟相鬩。君臣無義。朋友相欺。皆爲無禮也。故曰。人有禮則安。無禮則危。無禮則危。故不如遄死之愈也。故聖人明禮以教人也。

何言乎明禮以教人也。觀之象曰。大觀在上。順而巽。中正以觀天下。觀盥而不薦。有孚顒若。下觀而化也。夫何爲哉。恭己正南面而已。正己而物正者也。故孔子曰。爲政以德。譬如北辰。居其所而衆星拱之。季康子問使民。敬忠以勸。如之何。子曰。臨之以莊則敬。孝慈則忠。舉善而教不能則勸。子路問政。子曰。修己以敬。曰。如斯而已乎。曰。修己以安人。曰。如斯而已乎。曰。脩己以安百姓。所以然者。上好禮則民易使也。

生民之詩曰。假樂君子。顯顯令德。宜民宜人。受祿于天。保佑命之。自天申之。干祿百福。子孫千億。穆穆皇皇。宜君宜王。不愆不忘。率由舊章。威儀抑抑。德音秩秩。無怨無惡。率由羣匹。受福無疆。四方之綱。之綱之紀。燕及朋友。百辟卿士。媚于天子。不解于位。民之攸塈。又曰。有馮有翼。有孝有德。以引以翼。豈弟君子。四方爲則。顒顒卬卬。如圭如璋。令聞令望。豈弟君子。四方爲綱。

文王之詩曰。惠于宗公。神罔時怨。神罔時恫。刑于寡妻。至于兄弟。以御于家邦。雝雝在宮。肅肅在廟。不顯亦臨。無射亦保。肆戎疾不殄。烈假不瑕。不聞亦式。不諫亦入。肆成人有德。小子有造。古之人無斁。譽髦斯士。

緜之詩曰。肆不殄厥慍。亦不隕厥問。柞棫拔矣。行道兌矣。混夷駾矣。維其喙矣。虞芮質厥成。文王蹶厥生。予曰有疏附。予曰有先後。予曰有奔奏。予曰有禦侮。

曹風之詩曰。鳲鳩在桑。其子七兮。淑人君子。其儀一兮。其儀一兮。心如結兮。　鳲鳩在桑。其子在棘。淑人君子。其儀不忒。其儀不忒。正是四國。

蕩之詩曰。無競維人。四方其訓之。有覺德行。四國順之。訏謨定命。遠猶辰告。敬慎威儀。維民之則。……肆皇天弗尚。如彼泉流。無淪胥以亡。夙興夜寐。洒埽庭內。維民之章。修爾車馬。弓矢戎兵。用戒戎作。用遏蠻方。質爾人民。謹爾侯度。用戒不虞。慎爾出話。敬爾威儀。無不柔嘉。白圭之玷。尚可磨也。斯言之玷。不可爲也。……視爾友君子。輯柔爾顏。不遐有愆。相在爾室。尚不愧于屋漏。無曰不顯。莫予云覯。神之格思。不可度思。矧可射思。辟爾爲德。俾臧俾嘉。淑慎爾止。不愆于儀。不僭不賊。鮮不爲則。投我以桃。報之以李。彼童而角。實虹小子。

此皆所謂觀盥而不薦。有孚顒若。下觀而化也。及禮之泯也。亦由上啓之。

桑柔之詩曰。維此良人。弗求弗迪。維彼忍心。是顧是復。民之貪亂。甯爲荼毒。……民之罔極。職涼善背。爲民不利。如云不克。民之回遹。職競用力。民之未戾。職盜爲寇。涼曰不可。覆背善詈。雖曰匪予。旣作爾歌。

小旻之詩曰。亂之初生。僭始旣涵。亂之又生。君子信讒。君子如怒。亂庶遄沮。君子如祉。亂庶遄已。君子屢盟。亂是用長。君子信盜。亂是用暴。盜言孔甘。亂是用餤。匪其共止。維王之卬。

生民之詩曰。天之方難。無然憲憲。天之方蹶。無然泄泄。辭之輯矣。民之洽矣。辭之懌矣。民之莫矣。……天之方懠。無爲夸毗。威儀卒迷。善人載尸。民之方殿屎。則莫我敢葵。喪亂蔑資。曾莫惠我師。　天之牖民。如壎如箎。如圭如璋。如取如攜。攜曰無益。牖民孔易。民之多辟。無自立辟。……敬天之怒。無敢戲豫。敬天之渝。無敢馳驅。昊天曰明。及爾出王。昊天曰旦。及爾游衍。

蕩之詩曰。文王曰咨。咨女殷商。天不湎爾以酒。不義從式。旣愆爾止。靡明靡晦。式號式呼。俾晝作夜。　文王曰咨。咨女殷商。如蜩如螗。如沸如羹。小大近喪。人尙乎由行。內奰于中國。覃及鬼方。　文王曰咨。咨女殷商。匪上帝不時。殷不用舊。雖無老成人。尙有典刑。曾是莫聽。大命以傾。故孟子曰。上無禮。下無學。賊民興。喪無日矣。上有好者。下必有甚焉者。自取之耳。大學曰。一家仁。一國興仁。一家讓。一國興讓。一人貪戾。一國作亂。其機如此。此謂君子之德風。小人之德草。草上之風必偃。移風易俗。亦在牧民者之能否躬行禮義而已。

三 節文

林放問禮之本。子曰。大哉問。禮與其奢也甯儉。喪與其易也甯戚。子路曰。傷哉貧也。生無以爲養。死無以爲禮也。孔子曰。啜菽飲水盡其歡。斯之謂孝。斂手足形。還葬而無椁。稱其財。斯之謂禮。故曰。喪禮與其哀不足而禮有餘也。不若禮不足而哀有餘也。祭禮與其敬不足而禮有餘也。不若禮不足而敬有餘也。故孝經曰。禮者。敬而已矣。敬也者。禮之大本也。

孔子曰。先進于禮樂。野人也。後進于禮樂。君子也。如用之。則吾從先進。孔子何爲去君子而取野人也。君子尙奢而敬不足。小人崇儉而敬有餘也。檀弓記曾子之言曰。國無道。君子恥盈禮焉。國奢則示之以儉。國儉則示之以禮。故繁文縟節。非禮之本也。陋儒之說也。非孔子之教也。

孔子曰。吾學夏禮。杞不足徵也。吾學殷禮。有宋存焉。吾學周禮。今用之。吾從周。又曰。愚而好自用。賤而好自專。生乎今之世。反古之道。如此者。菑及其身者也。孔子何爲舍夏殷之禮。而從周乎。又何爲言生今之世。反古之道。必蒙其菑乎。曲禮曰。禮從宜。使從俗。從今之禮。所以權其宜也。何言乎權其宜也。禮器曰。禮也者。合于天時。設于地財。順于鬼神。合于人心理萬物者也。……故天不生。地不養。君子不以爲禮。鬼神弗饗也。居山以魚鼈爲禮。居澤以鹿豕爲禮。君子謂之不知禮。以其不合于天時。設于地財也。

王制曰。凡居民材。必因天地寒暖燥濕。廣谷大川異制。民生其間者異俗。剛柔輕重遲速異齊。五味異和。器械異制。衣服異宜。修其教。不易其俗。齊其政。不易其宜。中國夷狄五方之民。皆有性也。不可推移。東方曰夷。被髮文身。有不火食者矣。南方曰蠻。彫題交趾。有不火食者矣。西方曰戎。被髮文身。有不粒食者矣。北方曰狄。衣毛穴居。有不粒食者矣。中國夷蠻戎狄。皆有安居和味宜服利用器備。五方之民。言語不通。嗜欲不同。達其志。通其欲。夫是之謂合于人心理萬物。是行禮而知權其宜也。故曰。禮從宜。使從俗。

所謂禮從宜者。非特合于天時。設于地材。合于人心理萬物也。蓋亦必隨事而權其輕重焉。任人有問屋廬子曰。禮與食孰重。曰禮重。色與禮孰重。曰禮重。曰以禮食。則飢而死。不以禮食。則得食。必以禮乎。親迎則得妻。不親迎則不得妻。必親迎乎。屋廬子不能對。明日之鄒。以告孟子。孟子曰。于是答也。何有。不揣其本。而齊其末。方寸之木。可使高于岑樓。金重于羽者也。豈謂一鈎金與一輿羽之謂哉。取食之重者。與禮之輕者。而比之。奚翅食重。取色之重者。與禮之輕者而比之。奚翅色重。往應之曰。紾兄之臂。而奪之食。則得食。不紾則不得食。則將紾之乎。踰東家墻而摟其處子則得妻。不摟則不得妻。則將摟之乎。

任人之問。所謂拘于禮之節文。而不知禮之大本也。子夏曰。大德不踰閑。小德出入可也。此言可以通權達宜者。禮之節文也。而不可踰者。禮之大本也。有子曰。禮之用。和爲貴。先王之道斯爲美。大小由之。有所不行。知和而和。不以禮節之。亦不可行也。和也者。權宜也。拘于節文而不知權其宜。則有所不行也。只知權宜。而棄其大本。是猶紾兄之臂而奪之食。踰東家牆而摟其處子也。故曰知和而和。不以禮節之。亦不可行也。孔子曰。麻冕禮也。今也純。儉。吾從衆。拜下禮也。今拜乎上泰也。雖違衆。吾從下。孔子于此何爲而不從衆也。曰知和而和。不以禮節之。亦不可行也。爲其不中于禮之大本也。

禮之大本何也。敬也。敬何自起也。起于親親而尊長也。故曲禮曰。夫禮者。所以定親疏。決嫌疑。別同異。明是非也。……道德仁義。非禮不成。教訓正俗。非禮不備。分爭辯訟。非禮不決。君臣上下。非禮不定。父子兄弟。非禮不定。宦官事師。非禮不親。班朝治軍。涖官行法。非禮威嚴不行。禱祠祭祀。供給鬼神。非禮不誠不莊。……夫禮者。自卑而尊人。雖負販者。必有尊也。而況富貴乎。富貴而知好禮。則不驕不淫。貧賤而知好禮。則志不懾。故察于禮。而人之賢不肖可知也。察于禮。而君君臣臣。父父子子可知也。故禮運曰。飲食男女。人之大欲存焉。死亡貧苦。人之大惡存焉。故欲惡者。人心之大端也。人藏其心。不可測度也。美惡皆在其心。不見其色也。欲一以窮之。舍禮何以哉。故經解曰。禮之于國也。猶權衡之于輕重也。繩墨之于曲直也。規矩之于方圓也。故衡誠縣。不可欺以輕重。繩墨誠陳。不可欺以曲直。規矩誠設。不可欺以方圓。君子審禮。不可誣以姦詐。禮之重也如此。故古之爲政者。莫不崇禮。

管子曰。上服度則六親固。四維張則君令行。故省刑之要。在禁文巧。守國之度。在飾四維。順民之經。在明鬼神。山川。敬宗廟。恭祖舊。……文巧不禁。則民乃淫。不璋兩原。則刑乃繁。不明鬼神。則陋民不悟。不祇山川。則威令不聞。不敬宗廟。則民乃上校。不恭祖舊。則孝悌不備。四維不張。國乃滅亡。……何謂四維。一曰禮。二曰義。三曰廉。四曰恥。禮不踰節。義不自進。廉不蔽惡。恥不從枉。故不踰節則上位安。不自進則民無巧詐。不蔽惡則行自全。不從枉則邪事不生。

故王制曰。司徒修六禮。以節民性。明七教以興民德。齊八政以防淫。一道德以同俗。養耆老以致孝。恤孤獨以逮不足。上賢以崇德。絀不肖以絀惡。命鄉簡不率教者以告。耆老皆朝于庠。元日習躬上功。習鄉上齒。大司徒帥國之俊士與執事焉。不變。命國之右鄉。簡不帥教者移之左。命國之左鄉。簡不率教者移之右。如初禮。不變移之郊。如初禮。不變移之遂。如初禮。不變屏之遠方。終身不齒。命鄉論秀士。升之司徒。曰選士。司徒論選士之秀者。升之學。曰俊士。升于司徒者。不征于鄉。升于學者。不征于司徒。曰造士。

樂正崇四術。立四教。順先王詩書禮樂以造士。春秋教以禮樂。冬夏教以詩書。王太子。王子。羣后之太子。卿大夫元士之適子。國之俊選。皆造焉。凡入學。以齒。將出學。小胥大胥小樂正簡不帥教者以告于大樂正。大樂正以告于王。王命三公九卿大夫元士皆入學。不變。王親視學。不變。王三日不舉。屏之遠方。西方曰棘。東方曰寄。終身不齒。大樂正論造士之秀者。以告于王。而升諸司馬。曰進士。論進士之秀者。以告于王。而定其論。論定然後官之。任官然後爵之。位定然後祿之。由此觀之。古者且以明禮爲任官取士之一端。所以然者何也。

曰崇禮所以明人倫也。人倫明于上。則小民親于下。而國家可定也。

四　諸子辯禮

孔子之言禮也曰主敬。曰從宜。未嘗拘泥于節文也。孔子而後。言禮者約分三派。一則競尙節文。以爲禮者一成而不變。不可損益也。一則以迂儒之繁文縟節。不切于事情而薄之。一則并禮樂之大本而非之。是以禮教主義。在春秋戰國之際。已引起激烈之爭辯矣。今請一一說明之。

莊子馬蹄篇曰。馬蹄可以踐霜雪。毛可以禦風寒。齕草飲水。翹足而陸。此馬之眞性也。雖有義臺路寢。無所用之。及至伯樂曰。我善治馬。燒之剔之。刻之雒之。連之以羈馽。編之以皁棧。而馬之死者十二三矣。飢之渴之。馳之驟之。整之齊之。前有橛飾之患。而後有鞭筴之威。而馬之死者已過半矣。陶者曰。我善治埴。圓者中規。方者中矩。匠人曰。我善治木。曲者中鈎。直者應繩。夫埴木之性。豈欲中規矩鈎繩哉。然且世世稱之曰伯樂善治馬。而陶匠善治埴木。此亦治天下者之過也。吾意善治天下者不然。彼民有常性。織而衣。耕而食。是謂同德。一而不黨。命曰天放。故至德之世。其行塡塡。其視顚顚。當是時也。山無蹊隧。澤無舟梁。萬物羣生。連屬其鄉。禽獸成羣。草木遂長。是故禽獸可係羈而遊。烏鵲之巢。可攀援而窺。夫至德之世，同與獸禽居。族與萬物并。惡乎知君子小人哉。同乎無知。其德不離。同乎無欲。是謂素樸。素樸而民性得矣。

及至聖人。蹩躠爲仁。踶跂爲義。而天下始疑矣。澶漫爲樂。摘僻爲禮。而天下始分矣。故純樸不殘。孰爲犧樽。白玉不毀。孰爲珪璋。道德不廢。安取仁義。性情不離。安用禮樂。五色不亂。孰爲文采。五聲不亂。孰爲六律。夫殘樸以爲器。工匠之罪也。毀道德以爲仁義。聖人之過也。……夫赫胥氏之時。民居不知所爲。行不知所之。含哺而熙。鼓腹而遊。民能此已矣。及至聖人。屈折禮樂。以匡天下之形。縣跂仁義。以慰天下之心。而民始踶跂好知。爭歸于利。不可止也。此亦聖人之過也。

故以莊子觀之。性情不離。則禮樂無所用之。而所謂性命之情者。則飢而食渴而飲而已。如牛馬然。苟無飢渴之害。則含哺而熙。鼓腹而遊。其行塡塡。其視顚顚。至足矣。然莊子亦知夫小國民寡。自足自給。故無往來之需要。無爭攘之禍害。是以父子不見其親。君臣不見其義。仁義不必明而道德自全。禮樂不必施而天下自定。若至人類生齒日繁。而仍一任大自然之支配。如孟子所謂耳目之官不思。而蔽于物。不誘其親親敬兄之良知。則其結果。將如荀子所謂強者害弱而奪之。衆者暴寡而譁之。天下之悖亂而相亡。不待頃矣。蓋天下之人。不皆莊子也。使天下之人而皆莊子也。則雖擯仁義而不明。棄禮樂而不施。天下亦將如至德之世矣。莊子固謂盜跖與伯夷。同爲殘生損性。然自盜跖與伯夷視之。彼固各得其得。各適其適也。使天下之盜跖均各得其得。各適其適。如馬之齕草飲水。翹足而陸者。莊子雖欲含哺而熙。鼓腹而遊得乎。故莊子之非禮樂。是格于理而窮于勢也。其以禮樂之繁文縟節。爲不切于人情者。爲墨子。墨子非儒篇曰。儒者曰。親親有術。尊賢有等。言親疏尊卑之異也。其禮曰。喪父母三年。其妻後子三年。伯父叔父兄弟庶子其戚族人五月。若以親疏爲歲月之數。則親者多。而疏者少矣。是妻後子與父同也。若以尊卑爲歲月數。則是尊其妻子與父母同。而親伯父宗兄而卑子也。逆孰大焉。其親死。列屍登屋窺井。挑鼠穴。探滌器。而求其人焉。以爲實在。則戇愚甚矣。如其亡也。必求焉。僞亦大矣。取妻身迎。祗褍爲僕。秉轡授綏。如仰嚴親。昏禮威儀。如承祭祀。顚復上下。悖逆父母。下則妻子。妻子上侵。事親若此。可謂孝乎。儒者迎妻。妻之奉祭祀。子將守宗廟。故重之。應之曰。此誣言也。其宗兄守其先宗廟數十年。死喪之其。兄弟之妻。奉其先之祭祀。弗散。則喪妻子三年。必非以守奉祭祀也。夫憂妻子以大負纍。有曰所以親也。爲欲厚所至私。輕所至重。豈非大姦也哉。……孔某之齊。見景公。景公說。欲封之以尼谿。以告晏子。晏子曰。不可。夫儒浩居而自順者也。不可以教下。好樂而淫人。不可使親治。立命而怠事。不可使守職。宗喪循哀。不可使慈民。機服勉容。不可使導衆。孔某盛容修飾以蠱世。弦歌鼓舞以聚徒。繁登降之禮以示儀。務趨翔之節以勸衆。儒學不可使議世。勞思不可以補民。纍壽不能近其學。當年不能行其禮。積財不能贍其樂。繁飾邪術以營世君。盛爲聲樂以淫民。其道不可以期世。其學不可以導衆。今君封之以利齊俗。非所以導國先衆。公曰善。于是厚其禮。留其封。敬見而不問其道。孔乃恚。

墨子者。尙兼愛者也。故于儒者親親尊賢之說。特斥之。然親親尊賢。是根于人之性也。前已于父子兄弟夫婦等篇言之矣。非墨子所得而斥也。墨子所斥昏喪之儀。是節文也。孔子未嘗有是言也。孔子之不見用于齊。是存乎人者也。非孔子之罪也。不足爲孔子病也。當年不能行其禮。積財不能贍其樂。是墨子之言也。非孔子之教也。孔子固嘗謂禮與其奢也寧儉。喪與其易也寧戚矣。且孔子固未嘗制禮作樂也。孔子曰。吾說夏禮。杞不足徵也。吾學殷禮。有宋存焉。吾學周禮。今用之。吾從周。若謂孔子盛容修飾。而遂謂爲蠱世。然則孔子將襤褸佻撻。始可免于蠱世之譏邪。然則墨子所以詬詆孔子者。果何在與。以當時節文之繁縟與。此則非孔子之所爲也。以孔子門徒之衆。教化之盛與。此則人固從之。非孔子所得而招致也。其與墨子莊子之說立于絕對相反之地位者。則爲荀子。

荀子禮論篇曰。禮起于何也。曰人生而有欲。欲而不得則不能無求。求而無度量分界則不能不爭。爭則亂。亂則窮。先王惡其亂也。故制禮義以分之。以養人之欲。給人之求。使欲必不窮于物。物不必屈于欲。兩者相持而長。是禮之所由起也。故禮者養也。芻豢稻粱。五味調香。所以養口也。椒蘭芬苾。所以養鼻也。彫琢刻鏤。黼黻文章。所以養目也。鐘鼓管磬。琴瑟竽笙。所以養耳也。疏房檖額。越席牀策几筵。所以養體也。故禮者養也。君子旣得其養。又好其別。曷謂別。曰貴賤有等。長幼有差。貧富輕重。皆有稱者也。……孰知夫出死要節之所以養生也。孰知夫出費用之所以養財也。孰知夫恭敬辭讓之所以養安也。孰知夫禮義文理之所以養情也。故人苟生之爲見。若者必死。苟利之爲見。若者必害。苟怠惰偸懦之爲安。若者必危。苟情說之爲樂。若者必滅。故人一之于禮義則兩得之矣。一之于情性則兩喪之矣。故儒者將使人兩得之者也。墨者將使人兩喪之者也。是儒墨之分也。

禮有三本。天地者生之本也。先祖者類之本也。君師者治之本也。無天地惡生。無先祖惡出。無君師惡治。三者偏亡焉。無安人。故禮上事天。下事地。尊先祖而隆君師。是禮之三本也。故王者天太祖。諸侯不敢壞。大夫士有常宗。所以別貴始。貴始得之本也。郊止乎天。而社止于諸侯。道及士大夫。所以別尊卑。尊者事尊。卑者事卑。宜大者巨。宜小者小。故有天下者事十世。有一國者事五世。有五乘之地者事三世。有三乘之地者事二世。持手而食者不得立宗廟。所以別積厚。積厚者流澤廣。積薄者流澤狹也。大饗尙玄尊。俎生魚。先大羹。貴食飲之本也。饗尙玄尊而用酒醴。先黍稷而飯稻粱。祭齊大羹而飽庶羞。貴本而親用也。貴本之謂文。親用之謂禮。兩者合而成文、以歸大一。夫是謂大隆。……凡禮始乎稅。成乎文。終乎悅校。故至備情文俱盡。其次情文代勝。其下復情以歸大一也。天地以合。日月以明。四時以序。星辰以行。江河以流。萬物以昌。好惡以節。喜怒以當。以爲下則順。以爲上則明。萬物變而不亂。貳之則喪也。禮豈不至矣哉。立隆以爲極。而莫之能損益也。本末相順。終始相應。至文以有別。至察以有說。天下從之者治。不從者亂。從之者安。不從者危。從之者存。

不從者亡。小人不能測也。禮之理誠深矣。堅白同異之察。入焉而溺。其理誠大矣。擅作典制辟陋之說。入焉而喪。其理誠高矣。暴慢恣睢。輕俗以爲高之屬。入焉而隊。

荀子者。倡性惡之說者也。故以仁義禮知。爲人爲。故曰先王制禮義以分之。孔子以禮起于人心之自然。故曰禮者敬而已矣。荀子以禮起于人爲。故曰禮者養也。禮起于敬。故不尙奢而輕節文。禮以養欲。故尙奢而重節文。孔子曰。喪禮。稱家之有無。荀子曰。立隆以爲極。莫之能損益。故荀子之說、非孔子之教也。

綜上以觀。諸子之辯。皆節文也。非禮也。禮也者。敬而已矣。敬何自起。起自愛親也。愛之故不忍犯之。不忍犯之故敬之。行吾中心之敬。而達于言語舉動周旋進退者。斯之謂禮。此言語舉動周旋進退。行之于父子之間者。則爲孝慈。行之于兄弟之間者。則爲友恭。行之于夫婦之間者。則爲義從。行之于君臣之間者。則爲仁義。行之于朋友之間者。則爲忠信。故有喪祭之禮。有冠昏之禮。有朝廷之禮。有鄉黨之禮。故禮者。人倫之敍也。而其本則起自人心之愛敬也。愛親敬長。是人之天性也。非禮是逆天理而拂人之性也。衣服飲食之度。非禮也。鐘鼓管弦之音。非禮也。車旗輿馬之數。非禮也。歲月日時之別。非禮也。屈伸偃仰之度。非禮也。芻豢稻麥。五味調香。太羹玄酒。椒蘭芬苾。彫琢刻鏤。黼黻文章。疏房檖貌。越席牀策。皆非禮也。是皆禮之節文也。而非禮之大本也。節文者。古今不同制。遠近不同宜。貧富不同齊。要以合乎天時。設于地材。適于人情。而中于人倫愛敬之道。斯之謂禮。故節文可有也。可無也。節文而中于禮之大本者。是禮也。節文而不中于禮之大本者。是形式也。非禮也。故節文有宜于古而不宜于今者。有宜于彼而不宜于此者。有在彼則發自中心之愛敬。而在此則視爲虛僞者。欲一以窮之。舍敬何以哉。故執節文而行禮者。是迂儒之見。非孔孟之教也。執節文而非禮。是頑固狂悖之見。非孔孟之教也。執節文而言禮者荀子也。見迂儒之節文而非孔子者。墨子也。見迂儒之節文而欲盡廢禮者。莊子也。孔子曰。道之不行也。我知之矣。知者過之。愚者不及也。道之不明也。我知之矣。賢者過之。不肖者不及也。人莫不飲食也。鮮能知味也。孟子曰。子莫執中。執中爲近之。執中無權。猶執一也。所惡執一者。爲其賊道也。舉一而廢百也。莊墨荀卿之說。皆不察禮之大本。執末流以議根源者也。近世固有假墨子莊子之說而攻擊中國古代之禮教者。直不察本源而盲爲頑固狂悖之說。立異以眩衆人之耳目者也。

第二節　樂

舜典曰。夔。命汝典樂。教胄子。直而温。寬而栗。剛而無虐。簡而無敖。詩言志。歌永言。聲依永。律和聲。八音克諧。無相奪倫。神人以和。樂之教也大矣哉。詩歌以道之。聲律以和之。使直者能温。寬者能敬。剛者無虐。簡者無敖。無教誨之勞。無困學之苦。不大聲以色。不長夏以革。不識不知。而成其中和之德。是樂之教也。故周禮大司樂掌成均之法。以教國子弟。孔子之論成人也。亦曰。興于詩。立于禮。成于樂。放勳曰。勞之。來之。匡之。直之。輔之。翼之。使自得之。又從而振德之。舍樂何以哉。

樂之感人也深矣。子在齊聞韶。三月不知肉味。曰不圖爲樂之至于斯也。善聲感人。則和樂生焉。姦聲感人。則邪僻興焉。故顏淵問爲邦。子曰。行夏之時。乘殷之輅。服周之冕。樂則韶舞。放鄭聲。遠佞人。鄭聲淫。佞人殆。韶舞可以致中和之德。而鄭聲足以起邪淫之風也。故孔子曰。禮云禮云。玉帛云乎哉。樂云樂云。鐘鼓云乎哉。鐘鼓則一。而所以感之者則異也。所以然者何也。

樂記曰。凡音之起。由人心生也。人心之動。物使之然也。感于物而動。故形于聲。聲相應故生變。變成方謂之音。比音而樂之。及干戚羽旄謂之樂。樂者。音之所由生也。其本在人心之感于物也。是故其哀心感者。其聲噍以殺。其樂心感者。其聲嘽以緩。其喜心感者。其聲發以散。其怒心感者。其聲粗以厲。其敬心感者。其聲直以廉。其愛心感者。其聲和以柔。六者非性也。感于物而后動。是故先王愼所以感之者。故禮以道其志。樂以和其聲。政以一其行。刑以防其姦。禮樂刑政。其極一也。所以同民心而出治道也。

凡音者。生人心者也。情動于中。故形于聲。聲成文。謂之音。故治世之音安以樂。其政和。亂世之音怨以怒。其政乖。亡國之音哀以思。其民困。聲音之道。與政通矣。宮爲君。商爲臣。角爲民。徵爲事。羽爲物。五者不亂。則無怗滯之音矣。宮亂則荒。其君驕。商亂則陂。其官壞。角亂則憂。其民怨。徵亂則哀。其事勤。羽亂則危。其財匱。五者皆亂。迭相陵。謂之慢。如此則國之滅亡無日矣。鄭衛之音。亂世之音也。比于慢矣。桑間濮上之音。亡國之音也。其政散。其民流。誣上行私。而不可止也。……是故先王之制禮樂也。非以極口腹耳目之欲也。將以教民平好惡而反人道之正也。

人生而靜。天之性也。感于物而動。性之欲也。物至知知。然後好惡形焉。好惡無節于內。知誘于外。不能反躬。天理滅矣。夫物之感人無窮。而人之好惡無節。則是物至而人化物也。人化物也者。滅天理而窮人欲也。于是有悖逆詐僞之心。有淫佚作亂之事。是故強者脅弱。衆者暴寡。知者詐愚。勇者苦怯。疾病不養。老幼孤獨。不得其所。此大亂之道也。

是故先王之制禮樂也。人爲之節。衰麻哭泣。所以節喪紀也。鐘鼓干戚。所以和安樂也。婚姻冠笄。所以別男女也。射鄉食饗。所以正交接也。禮節民心。樂和民聲。政以行之。刑以防之。禮樂刑政。四達而不悖。則王道備矣。樂者爲同。禮者爲異。同則相親。異則相敬。樂勝則流。禮勝則離。合情飾貌者。禮樂之事也。禮義立則貴賤等矣。樂文同則上下和矣。好惡著則賢不肖別矣。刑禁暴。爵舉賢。則政均矣。仁以愛之。義以正之。如此則民治行矣。樂由中出。禮自外作。樂由中出故靜。禮自外作故文。大樂必易。大禮必簡。樂至則無怨。禮至則不爭。揖讓而治天下者。禮樂之事也。暴民不作。諸侯賓服。兵革不試。五刑不用。百姓無患。天子不怒。如此則樂達矣。合父子之親。明長幼之序。以敬四海之內。天子如此。則禮行矣。大樂與天地同和。大禮與天地同節。和故百物不失。節故祀天祭地。明則有禮樂。幽則有鬼神。如此則四海之內。合敬同愛矣。禮者殊事合敬者也。樂者異文合愛者也。禮樂之情同。故明王以相沿也。故事與時并。名與功偕。論倫無患。樂之情也。欣喜歡愛。樂之實也。中正無邪。禮之質也。莊敬恭順。禮之制也。……樂極則憂。禮粗則偏矣。及夫敦樂而無憂。禮備而不偏者。其爲大聖乎。……夫民有血氣心知之性。而無哀樂喜怒之常。應感起物而動。然後心術形焉。是故志微噍殺之音作。而民憂思。嘽喈慢易繁文節簡之音作。而民康樂。粗厲猛起。奮末廣賁之音作。而民剛毅。廉直勁正。莊誠之音作。而民肅敬。寬裕肉好。順成和動之音作。而民慈愛。流僻邪散。狄成滌濫之音作。而民淫亂。是故先王本之情性。稽之度數。制之禮義。合生氣之和。道五常之行。使之陽而不散。陰而不密。剛氣不怒。柔氣不懾。四暢交于中。而發作于外。皆安其位。而不相奪也。然後立之學等。廣其節奏。省其文采。以繩德厚。……

凡姦聲感人。而逆氣應之。逆氣成象。而淫樂興焉。正聲感人。而順氣應之。順氣成象。而和樂興焉。倡和有應。回邪曲直。各歸其分。而萬物之理。各以類相動也。是故君子反情以和其志。比類以成其行。姦聲亂色。不留聰明。淫樂慝禮。不接心術。惰慢邪僻之氣。不設于身體。使耳目鼻口。心知百體。皆由順正以行其義。而後發以聲音。而文以琴瑟。動以干戚。飾以羽旄。從以簫管。奮至德之光。動四氣之和。以著萬物之理。是故清明象天。廣大象地。終始象四時。周旋象風雨。五色成文而不亂。八音從律而不姦。百度得數而有常。小大相成。終始相生。倡和清濁。迭相爲經。故樂行而倫清。耳目聰明。血氣和平。移風易俗。天下皆寧。故曰樂者樂也。君子樂得其道。小人樂得其欲。以道制欲。則樂而不亂。以欲制道。則惑而不樂。是故君子反情以和其志。廣樂以成其教。樂行而民鄉方。可以觀德矣。……

君子曰。禮樂不可斯須去身。致樂以治心。則易直子諒之心。油然生矣。易直子諒之心生。則樂。樂則安。安則久。久則天。天則神。天則不言而信。神則不怒而威。致樂以治心者也。致禮以治躬。則莊敬。莊敬則嚴威。心中斯須不和不樂。而鄙詐之心入之矣。外貌斯須不莊不敬。而易慢之心入之矣。故樂也者。動于內者也。禮也者。動于外者也。樂極和。禮極順。內和而外順。則民瞻其顏色。而弗與爭也。望其容貌。而民不生易慢焉。故德煇動于內。而民莫不承聽。理發諸外。而民莫不承順。……

夫樂者樂也。人情之所不能免也。樂必發于聲音。形于動靜。人之道也。聲音動。性術之變盡于此矣。故人不能無樂。樂不能無形。形而不爲道。不能無亂。先王恥其亂。故制雅頌之聲以道之。使其聲足樂而不流。使其文足論而不息。使其曲直繁瘠廉肉節奏。足以感動人之善心而已矣。不使放心邪氣得接焉。是先王立樂之方也。是故樂在宗廟之中。君臣上下同聽之。則莫不和敬。在族黨鄉里之中。長幼同聽之。則莫不和順。在閨門之內。父子兄弟同聽之。則莫不和親。故樂者。審一以定和。比物以飾節。節奏合以成文。所以合和父子君臣附親萬民也。是先王立樂之方也。故聽其雅頌之聲。志意得廣焉。執其干戚。習其俯仰詘伸。容貌得莊焉。行其綴兆。要其節奏。行列得正焉。進退得齊焉。故樂者。天地之命。中和之紀。人情之所不能免也。

諸子辯樂

墨子非樂篇曰。仁之事者。必務求興天下之利。除天下之害。將以爲法乎天下。利人乎。卽爲。不利人乎卽止。且夫仁者之爲天下度也。非爲其目之所美。耳之所樂。口之所甘。身體之所安。以此虧奪民衣食之財。仁者弗爲也。是故子墨子之所以非樂者。非以大鐘鳴鼓琴瑟竽笙之聲以爲不樂也。非以刻鏤文章之色爲不美也。非以犓豢煎炙之味爲不甘也。非以高臺厚榭邃野之居爲不安也。雖身知其安也。口知其味也。目知其美也。耳知其樂也。然上考之。不中聖王之事。下度之。不中萬民之利。是故子墨子曰。爲樂非也。今王公大人。雖無造爲樂器以爲事乎國家。非直掊潦水拆壤垣而爲之也。必將厚斂乎萬民。以爲大鐘鳴鼓琴瑟竽笙之聲。譬之若聖人之爲舟車也。卽我弗敢非也。古者聖王亦嘗厚斂乎萬民以爲舟車。旣已成矣。曰吾將惡許用之。曰舟用之水。車用之陸。君子息其足焉。小人息其肩背焉。故萬民出財齎而予之。不敢以爲戚恨者何也。以其反中民之利也。然則樂器反中民之利亦若此。卽我弗敢非也。然則當用樂器。民有三患、飢者不得食。寒者不得衣。勞者不得息。三者民之巨患也。然卽當爲之撞巨鐘。擊鳴鼓。彈琴瑟。吹竽笙。而揚干戚。民衣食之財。將安可得乎。卽我以爲必然也。意舍此。今有大國卽攻小國。有大家卽伐小家。強刧弱。衆暴寡。詐欺愚。貴傲賤。寇亂盜賊幷興。不可禁止也。然卽當爲之撞巨鐘。擊鳴鼓。彈琴瑟。吹竽笙。而揚干戚。天下之亂也。將安可得而治與。卽我未必然也。是故子墨子曰。姑嘗厚措斂乎萬民。以爲大鐘鳴鼓琴瑟竽笙之聲。以求興天下之利。除天下之害。而無補也。是故子墨子曰。爲樂非也。

故墨子之非樂。以其虧奪民衣食之財。而無補于天下也。荀子則反是。

荀子富國篇曰。兼足天下之道在明分。掩地表畝。刺草殖穀。多糞肥田。是農夫衆庶之事也。守時力民。進事長功。和齊百姓。使人不偸。是將率之事也。高者不旱。下者不水。寒暑和節。而五穀以時熟。是天下之事也。若夫兼而覆之。兼而愛之。歲雖凶敗水旱。使百姓無凍餒之患。則是聖君賢相之事也。墨子之言。昭昭然爲天下憂不足。夫不足非天下之公患也。特墨子之私憂過計也。今是土之生五穀也。人善治之則畝數盆。一歲而再穫之。然後瓜桃棗李。一本數以盆鼓。然後葷菜百疏以澤量。然後六畜禽獸一而剸車。黿鼉魚鱉鰌鱣以時別一而成羣。然後飛鳥鳧雁若烟海。然後昆蟲萬物生其間。可以相食養者。不可勝數也。夫天地之生萬物也。固有餘。足以食人矣。麻葛繭絲。鳥獸之羽毛齒革也。固有餘足以衣矣。夫有餘不足。非天下之公患也。特墨子之私憂過計也。天下之公患亂傷之也。胡不嘗試相與求亂之者誰也。我以墨子之非樂也。則使天下亂。墨子之節用也。則使天下貧。非將墮之也。說不免焉。墨子大有天下。小有一國。將蹙然衣麤食惡。憂戚而非樂。若是則瘠。瘠則不足欲。不足欲則賞不行。墨子大有天下。小有一國。將少人徒。省官職。上功勞苦。與百姓均事業。齊功勞。若是則不威。不威則罰不行。賞不行則賢者不可得而進也。罰不行則不肖者不可得而退也。賢者不可得而進也。不肖者不可得而退也。則能不能不可得而官也。若是則萬物失宜。事變失應。上失天時。下失地利。中失人和。天下敖然。若燒若焦。墨子雖爲之衣褐帶索嚽菽飲水。惡能足之乎。

是墨子以爲樂則虧奪民衣食之財。不足信也。然則樂果無補于天下乎。

荀子樂論篇曰。樂者先王之所以飾喜也。軍旅鈇鉞者。先王之所以飾怒也。先王喜怒皆得其齊焉。是故喜而天下和之。怒而暴亂畏之。先王之道。禮樂正其盛者也。而墨子非之。故曰墨子之于道也。猶瞽之于白黑也。猶聾之于淸濁也。猶之楚而北求之也。夫聲樂之入人也深。其化人也速。故先王謹爲之文。樂中平則民和而不流。樂肅莊則民齊而不亂。民和齊則兵勁城固。敵國不敢嬰也。如是則百姓莫不安其處。樂其鄉。以至足其上矣。然後名聲于是乎白。光輝于是乎大。四海之民。莫不願得以爲師。是王者之始也。樂姚冶以險則民流僈鄙賤矣。流僈則亂。鄙賤則爭。亂爭則兵弱城犯。敵國危之。如是則百姓不安其處。不樂其鄉。不足其上矣。故禮樂廢而邪音起者。危削侮辱之本也。故先王貴禮樂而賤邪音。其在序官也。曰修憲命。審誅賞。禁淫聲。以時順修。使夷俗邪音不敢亂雅。太師之事也。墨子曰。樂者聖王之所非也。而儒者爲之過也。君子以爲不然。樂者聖王之所樂也。而可以善民心。其感人深。其移風易俗。故先王道之以禮樂。而民和睦。夫民有好惡之情。而無喜怒之應。則亂。先王惡其亂也。故修其行。正其樂。而天下順焉。故齊衰之服。哭泣之聲。使人之心悲。帶甲嬰軸。歌于行伍。使人之心傷。姚冶之容。鄭衞之音。使人之心淫。紳端章甫。舞韶歌武。使人之心莊。故君子耳不聽淫聲。目不視女色。口不出惡言。此三者君子愼之。

第三節　刑

一　起源

刑罰何自起也。帝典曰。皋陶。蠻夷猾夏。寇賊姦宄。汝作士。五刑有服。五服三就。五流有宅。五宅三居。是刑罰之起源。在禁暴誅亂。而懲戒寇賊姦宄也。故呂刑曰。王曰。若古有訓。蚩尤惟始作亂。延及平民。罔不寇賊。鴟義姦宄。奪攘矯虔。苗民弗用靈。制以刑。惟作五虐之刑。曰法。殺戮無辜。……民興胥漸。泯泯棼棼。罔中于信。以覆詛盟。虐威庶戮。方告無辜于上。……皇帝哀矜庶戮之不辜。報虐以威。遏絕苗民。無世在下。……士制百姓于刑之中。以教祗德。穆穆在上。明明在下。灼于四方。罔不惟德之勤。故乃明于刑之中。率乂于民棐彝。是以報虐以威。制百姓于刑之中。以教祗德。率乂于民棐彝。皆刑罰之起源也。故刑罰之始意。在禁暴虐。而所以禁暴虐者。則曰制百姓于刑之中。以教祗德也。故帝典曰。皋陶。惟茲臣庶。罔或干予正。汝作士。明于五刑。以弼五教。期予于治。刑期于無刑。民協于中。時乃功。是五刑之設。在弼五教。而期天下于無刑也。大禹謨所謂戒之用休。董之用威。其目的固在正德之勿壞也。」

刑罰之目的。既在教祗德。而率乂于民棐彝矣。故蒙之初六曰。發蒙利用刑人。用說桎梏。噬嗑之初九曰。履校滅趾無咎。而孔子贊之曰。小人不恥不仁。不畏不義。不見利不勸。不威不懲。小懲而大戒。小人之福也。易曰。履校滅趾无咎。此之謂也。是刑所以補弼教化。而期天下于無刑也。噬嗑之上九曰。何校滅耳凶。孔子贊之曰。善不積不足以成名。惡不積不足以殺身。小人以小善爲無益而弗爲也。以小惡爲無傷而弗去也。故惡積而不可揜。罪大而不可解。是刑以禁暴誅亂也。禁暴誅亂。所以期于無刑也。孔子曰。聽訟吾猶人也。必也使無訟乎。此刑之本意也。

然則若何而可期天下于無刑也。呂刑固曰。士制百姓于刑之中。以教祇德矣。皋陶謂民之所以協于中。而不犯于有司者。亦曰。帝德罔愆也。故欲期天下于無刑。惟曰以德化民而已。孔子曰。道之以政。齊之以刑。民免而無恥。道之以德。齊之以禮。有恥且格。此之謂也。

所謂惟德可以期天下于無刑者何謂也。君陳曰。惟民生厚。因物有遷。違上所命。從厥攸好。爾克敬典在德。時乃罔不變。季康子患盜。問于孔子。孔子對曰。苟子之不欲。雖賞之不竊。此所謂違上所命。從厥攸好也。季康子問政于孔子曰。如殺無道。以就有道何如。孔子對曰。子爲政。焉用殺。子欲善。而民善矣。君子之德風。小人之德草。草上之風必偃。此所謂爾克敬典在德。時乃罔不變也。德以化民。民有不率教者。而後匡之以刑。則民從之矣。故曰。惟德可以期天下于無刑也。

荀子宥坐篇曰。孔子爲魯司寇。有父子訟者。孔子拘之。三日不別。其父請止。孔子舍之。季孫聞之不說曰。是老也欺予。語予曰。爲國必以孝。今殺一人以戮不孝。又舍之。冉有以告。孔子慨然歎曰。上失之。下殺之。其可乎。不教其民。而聽其獄。殺不辜也。三軍大敗。不可斬也。獄犴不治。不可刑也。罪不在民故也。嫚令謹誅。賊也。今生也有時。斂也無時。暴也不教。而責成功虐也。已此三者。然後刑可也。書曰。義刑義殺。勿庸以即予。維曰未有順事。言先教也。故先王既陳之以道。上先服之。若不可。尙賢以綦之。若不可。廢不能以單之。綦三年而百姓往矣。邪民不從。然後俟之以刑。則民知罪矣。……是以威厲而不試。刑錯而不用。此之謂也。今之世則不然。亂其教。繁其刑。其民迷惑而墮焉。則從而治之。是以刑彌繁而邪不勝。此言爲政而不以德。是罪在上而不在下。不可以刑民也。

論語曰。孟氏使陽膚爲士師。問于曾子。曾子曰。上失其道。民散久矣。如得其情。則哀矜而勿喜。故爲政者。當自反也。爲政而不以德。是道民于不義也。然後從而刑之。是猶治絲而愈棼之也。而欲禁暴誅亂。期天下于無刑。安可得乎。

二　明罰

刑罰所以輔教化之不逮。而期天下于無刑也。何爲而可以輔教化之不逮也。曰明其典刑。使天下曉然于何者爲善。何者爲惡。而知所趨避也。欲使天下曉然于善惡之分。則善者必賞。惡者必罰。而無絲毫假借矣。緇衣記孔子之言曰。上人疑則百姓惑。下難知則君長勞。故君民者。章好以示民俗。愼惡以御民之淫。則民不惑矣。又曰。爲上易事也。爲下易知也。則刑不煩矣。故欲省刑罰。在章善惡。章善惡。在明賞罰。賞罰明。則善惡章矣。善惡章。則民知所趨避。而刑罰省矣。皋陶謨曰。天命有德。五服五章哉。天討有罪。五刑五用哉。政事懋哉懋哉。又曰。庶頑讒說。若不在時。侯以明之。撻以記之。書用識哉。欲並生哉。工以納言。格則承之庸之。否則威之。善則必賞。惡則必罰之謂也。所以章善惡而期天下于無刑也。故帝典曰。五刑有服。五服三就。五流有宅。五宅三居。惟明克允。又曰明于五刑。以弼五教。皆倘明也。

刑罰若何而可章明也。君陳曰。爾惟弘周公丕訓。無依勢作威。無倚法以削。寬而有制。從容以和。殷民在辟。予曰辟。爾惟勿辟。予曰宥。爾惟勿宥。惟厥中。呂刑曰。典獄非訖于威。惟訖于富。敬忌。罔有擇言在躬。惟克天德。刑罰之不明也。恆以依勢作威。倚法以削也。依勢作威。倚法以削。則不願盡民之情矣。訖于威。訖于富。則不能盡民之情矣。夫如是。則猛而無制。乖戾而暴矣。猛而無制。乖戾而暴。則民情不得盡矣。是三者。皆刑罰之所由以不中也。刑罰不中。則民無所措手足。以其不知何所趨避也。故欲明刑罰。必也無依勢作威。無倚法以削。無訖于威。無訖于富。寬而有制。從容以和。罔有擇言在身。是三者備。然後可以得民之情。而刑罰明矣。

荀子宥坐篇曰。孔子爲魯攝相。朝七日而誅少正卯。門人進問曰。夫少正卯。魯之聞人也。夫子爲政而始誅之。得無失乎。孔子曰。居。吾語女其故。人有惡者五。而盜竊不與焉。一曰心達而險。二曰行辟而堅。三曰言僞而辯。四曰記醜而博。五曰順非而澤。此五者有一于人。則不得免于君子之誅。而少正卯兼而有之。故居處足以聚徒成羣。言談足以飾邪營衆。強辯足以反是獨立。此小人之雄桀也。不可不誅也。夫是之謂不詑于威。不詑于富。

三　愼刑

刑罰所以匡教之不逮。不得已而用者也。用之旣貴于必矣。故君子愼之。帝典曰。眚災肆赦。怙終賊刑。欽哉欽哉。惟刑之恤哉。愼刑之謂也。康誥曰。有敍時乃大明服。惟民其勑懋和。若有疾。惟民其畢棄咎。若保赤子。惟民其康乂。爲政者所以必愼其刑者。蓋民之有罪。若人之有疾。民之有過。若赤子之無知也。故曰。非汝封刑人殺人。無或刑人殺人。非汝封。又曰。劓刵人。無或劓刵人。所以然者。不敢有擇言在躬也。故曰。外事汝陳時臬司。茲殷罰有倫。又曰。要囚。服念五六日。至于旬時。丕蔽要囚。蓋所以愼之也。

然則愼刑之道如何。呂刑曰。今爾安百姓。何擇非人。何敬非刑。何度非及。兩造具備。師聽五辭。五辭簡孚。在于五刑。五刑不簡。正于五罰。五罰不服。正于五過。五過之疵。惟官。惟反。惟內。惟貨。惟來。其罪惟均。其審克之。五刑之疑有赦。五罰之疑有赦。其審克之。簡孚有衆。惟貌有稽。無簡不聽。具嚴天威。是皆愼刑之要也。官也。反也。內也。貨也。來也。無簡也。皆亂刑之源也。師聽五辭。五辭簡孚。在于五刑。五刑不簡。正于五罰。五罰不服。正于五過。稽其貌而正其簡。而審以處之。所以杜亂之源。而愼刑之施也。所以能如此者何也。君陳曰。爾無忿疾于頑。無求備于一人也。聽辭之道如何。王制曰。凡聽五刑之訟。必原父子之親。立君臣之義以權之。意論輕重之序。愼測淺深之量以別之。悉其聰明。致其忠愛以盡之。疑獄汎與衆共之。疑赦之。必察小大之比。以成之。成獄辭史。以獄成告于正。正以獄成告于大司寇。大司寇聽之棘木之下。大司寇以獄之成告于王。王命三公參聽之。三公以獄之成告于王。王三又然後制刑。凡作刑罰。輕無赦。刑者。侀也。侀者成也。一成而不變。故君子盡心焉。

四　輕重

左傳鄭子產有疾。謂子太叔曰。我死子必爲政。惟有德者能以寬服民。其次莫如猛。夫火烈。民望而畏之。故鮮死焉。水懦弱。民狎而玩之。則多死焉。故寬難。疾數月而卒。太叔爲政。不忍猛而寬。鄭國多盜。取人于萑蒲之澤。太叔悔之曰。吾早從夫子不及此。與徒兵以攻萑蒲之盜。盡殺之。盜稍止。仲尼曰。善哉。政寬則民慢。慢則糾之以猛。猛則民殘。殘則施之以寬。寬以濟猛。猛以濟寬。政是以和。詩曰。民亦勞止。汔可小康。惠此中國。以綏四方。施之以寬也。無縱詭隨。以謹無良。式遏寇虐。慘不畏明。糾之以猛也。柔遠能邇。以定我王。平之以和也。又曰。不競不絿。不剛不柔。敷政優優。百祿是遒。和之至也。諺曰。治治國用輕典。治亂國用重刑。治國過失多而故犯少。亂國故犯多而過失少。不重不足以禁暴誅亂也。

荀子正論篇曰。凡刑人之本。禁暴惡惡。且徵其未也。殺人者不死。而傷人者不刑。是謂惠暴而寬賊也。非惡惡也。故象刑殆非生于治古。競起于亂今也。治古不然。凡爵列官職。慶賞刑罰。皆報也。以類相從者也。一物失稱。亂之端也。夫德不稱位。能不稱職。賞不當功。罰不當罪。不祥莫大焉。昔者武王伐有商。誅紂。斷其首縣之赤旂。夫征暴誅悍。治之盛也。殺人者死。傷人者刑。是百王之所同也。未有知其所由來者也。刑稱罪則治。不稱罪則亂。故治則刑重。亂則刑輕。犯治之罪固重。犯亂之罪固輕也。如荀子之言。是又專尙重刑者也。故其末流。則有商鞅韓非之徒也。

刑罰之本意。所以輔教化之不逮。教民祇德。而期天下于無刑。聖人不得已而用之者也。故必先足其衣食。使知榮辱。教之孝弟。使知禮義。然後修己以安之。明罰以正其趨避。愼刑以盡其情隱。苟能率乂于民棐彝。固不必一于輕而偏于重也。呂刑曰。上刑適輕下服。下刑適重上服。輕重諸罰有權。刑罰世輕世重。惟齊非齊。有倫有要。此言可謂得聖人立法之本意矣。皋陶曰。帝德罔愆。臨下以簡。御衆以寬。罰弗及嗣。賞延于世。宥過無大。刑故無小。罪疑惟輕。功疑惟重。與其殺不辜。寧失不經。好生之德。洽于民心。茲用不犯于有司。此呂刑所謂刑罰世輕世重。惟齊非齊。有倫有要也。

宥過無大。則民得自新之機矣。刑故無小。則懲一足以儆百矣。夫如是。則刑罰威而不猛。民不殘而天下可期于無刑矣。過而不宥。是殘民也。故而不刑。是造亂也。皆非所以制民于刑之中也。康誥曰。敬明乃罰。人有小罪非眚。乃惟終。自作不典。式爾。有厥罪小。乃不可不殺。乃有大罪非終。乃惟眚災。適爾。旣道極厥辜。時乃不可殺。此所謂宥過無大。刑故無小也。

康誥曰。汝陳時臬司。罰蔽殷彝。用其義刑義殺。勿庸以次汝封。乃汝盡遜曰。時敍。惟曰未有遜事。凡民自得罪。寇攘姦宄。殺越人于貨。愍不畏死。罔弗憝。王曰。封。元惡大憝。矧惟不孝不友。子弗祇服厥父事。大傷厥考心。于父不能字厥子。乃疾厥子。于弟弗念天顯。乃弗克恭厥兄。兄亦不念鞠子哀。大不友于弟。惟弔茲。不于我政人得罪。天惟與我民彝大泯亂。曰。乃其速由。文王作罰。刑茲無赦。

不率大戛。矧惟外庶子訓人。惟厥正人。越小臣諸節。乃別播敷。造民大譽。弗念弗庸。瘝厥君。時乃引惡。惟朕憝已。汝乃其速由茲義率殺。亦惟君惟長。不能厥家人。越厥小臣外正。惟威惟虐。大放王命。乃非德用乂。汝亦罔不克敬典。乃由裕民。惟文王之敬忌。乃裕民曰。我惟有及。則予一人以懌。

寇攘姦宄。殺越人于貨。愍不畏死者。狃于姦宄者也。不孝不友。敗常者也。乃別播敷。造民大譽。亂俗者也。是三者。皆破壞教化。顚覆國家者也。故曰。刑茲無赦。所以昭示善惡。教民以祇德也。君陳曰。有弗若于汝政。弗化于汝訓。辟以止辟乃辟。狃于姦宄。敗常亂俗。三細不宥。正謂此也。夫如是。刑期于無刑矣。故曰。辟以止辟乃辟也。王制曰。析言破律。亂名改作。執左道以亂政。殺。作淫聲異服。奇技奇器。以疑衆。殺。行僞而堅。言僞而辯。學非而博。順非而澤。以疑衆。殺。假于鬼神。時日卜筮。以疑衆。殺。此四誅者。不以聽。以其敗常亂俗也。狃于姦宄。敗常亂俗。非適爾也。非眚災也。乃自作不典也。自作不典而赦之。是造亂也。故曰。速以茲義率殺。不以聽也。故君子之施刑也。無所謂寬猛也。無所重輕也。率于義而已。故曰。義刑義殺也。義刑義殺。所以制百姓于刑之中。而期天下于無刑也。

第四節　政

一　正己

季康子問政于孔子。孔子對曰。政者正也。子帥以正。孰敢不正。大學曰。上老老。而民興孝。上長長。而民興弟。上恤孤。而民不倍。孟子曰。君仁莫不仁。君義莫不義。君正莫不正。一正君而國定矣。所以然者何也。詩云。節彼南山。維石巖巖。赫赫師尹。民具爾瞻也。故孔子曰。苟正其身矣。于從政乎何有。不能正其身。于正人何。

政者教化之源也。萬民之所仰望而從之者也。孔子曰。其身正。不令而行。其身不正。雖令不從。故大學曰。堯舜帥天下以仁。而民從之。桀紂帥天下以暴。而民從之。其所令。反其所好。而民不從。是故君子。有諸己。而后求諸人。無諸己。而后非諸人。所藏乎身不恕。而能喻諸人者。未之有也。故孔子曰。人而不仁如禮何。人而不仁如樂何。爲政而身不正。則禮樂不興。而刑罰不中。禮樂不興。而刑罰不中。則將何以教萬民而平治天下。

檀弓曰。魯人有周豐也者。哀公執贄請見之。而曰不可。公曰。我其已乎。使人問焉。曰有虞氏未施信于民而民信之。夏后氏未施敬于民而民敬之。何施而得斯民也。對曰。墟墓之間。未施哀于民而民哀。社稷宗廟之間。未施敬于民而民敬。殷人作誓。而民始畔。周人作會。而民始疑。苟無禮義忠信誠慤之心以涖之。雖固結之。民其不解乎。此孔子所謂其身正。不令而行。其身不正。雖令不從也。

正之于政也如此。故仲虺之誥曰。王懋昭大德。建中于民。以義制事。以禮制心。垂裕後昆。君牙曰。弘敷五典。式和民則。爾身克正。罔敢弗正。民心罔中。惟爾之中。皆先正己而後正人也。故祈父之詩曰。昊天不傭。降此鞠凶。昊天不惠。降此大戾。君子如屆。俾民心闋。君子如夷。惡怒是違。此所謂子帥以正。孰敢不正也。洪範曰。無偏無陂。遵王之義。無有作好。遵王之道。無有作惡。遵王之路。無偏無黨。王道蕩蕩。無黨無偏。王道平平。無反無側。王道正直。會其有極。歸其有極。爲政者苟能以大公至正之道。以行其禮樂刑罰而教萬民。而天下猶有反側偏黨之禍者。蓋亦罕矣。

二 尚賢

仲弓爲季氏宰問政。子曰。先有司。赦小過。舉賢才。曰。焉知賢才而舉之。曰。舉爾所知。爾所不知。人其舍諸。天下之事。固不可得一人而爲也。必待賢才以輔之。尚書所謂任官惟賢才。左右惟其人。孟子所謂尊賢使能。俊傑在位。則天下之士。皆悅而願立于其朝也。所以然何者也。易傳曰。雲從龍。風從虎。聖人作而萬物覩。本乎天者親上。本乎地者親下。則各從其類也。方以類聚。物以羣分。賢者進則不肖者退矣。進賢而退不肖。則民知所嚮方矣。故曰。尙賢。政教之一端也。

洪範曰。凡厥庶民。有猷有爲有守。汝則念之。不協于極。不罹于咎。皇則受之。而康而色。曰。予攸好德。汝則錫之福。時人斯其惟皇之極。無虐煢獨。而畏高明。人之有能有爲。使羞其行。而邦其昌。凡厥正人。旣富方穀。汝弗能使有好于爾家。時人斯其辜。于其無好德。汝雖錫之福。其作汝用咎。此孔子所謂舉直錯諸枉。則民服。舉枉錯諸直。則民不服也。故管子牧民篇曰。御民之轡。在上之所貴。道民之門。在上之所先。召門之路。在上之所好惡。故君求之。則臣得之。君嗜之。則臣食之。君好之。則臣服之。君惡之。則臣匿之。毋蔽汝惡。毋異汝度。賢者將不汝助。言室滿室。言堂滿堂。是謂聖王。

故上之好惡。不可不章也。好善不章。則賢者無由得進。而不肖者無由得退也。荀子正論篇曰。世俗之爲說者。主道利周。是不然。主者民之唱也。上者下之儀也。彼將聽唱而應。視儀而動。唱默則民無應也。儀隱則下無動也。無應無動。則上下無以相有也。若是。則與無上同也。不祥莫大焉。故上者下之本也。上宣明則下治辨矣。上端誠則下愿愨矣。上公正則下易直矣。治辨則易一。愿愨則易使。易直則易知。易一則強。易使則功。易知則明。是治之所由生也。上周密則下疑玄矣。上幽險則下漸詐矣。上偏曲則下比周矣。疑玄則難一。漸詐則難使。

比周則難知。難一則不強。難使則不功。難知則不明。是亂之所由作也。故主道利明不利幽。利宣不利周。故主道明下則安。主道幽則下危。故下安則貴上。下危則賤上。故上易知則下親上矣。上難知則下畏上矣。下親上則上安。下畏上則上危。故主道莫惡乎難知。莫畏乎使下畏己。傳曰。惡之者衆。則危。書曰。克明明德。詩曰。明明在下。故先王明之。豈特玄之耳哉。

爲政者。好惡宣明。則民知所適從。易傳曰。乾以易知。坤以簡能。易則易知。簡則易從。易知則有親。易從則有功。有親則可久。有功則可大。可久則賢人之德。可大則賢人之業。易簡而天下之理得矣。天下之理得。而位成乎其中矣。是上簡易則民知所適從。而不紛擾也。畢命曰。道有升降。政由俗革。不臧厥臧。民罔攸勸。旌別淑慝。表厥宅里。彰善癉惡。樹之風聲。弗率訓典。殊厥井疆。俾克畏慕。所以使天下皆知善之爲善。不善之爲不善。而臻天下于平治也。何以知其然也。

魯欲使樂正子爲政。孟子曰。吾聞之。喜而不寐。公孫丑曰。樂正子強乎。曰否。多聞識乎。曰否。然則奚爲喜而不寐。曰其爲人也好善。好善足乎。曰好善優于天下。而況魯國乎。夫苟好善。則四海之內。皆將輕千里而來。告之以善。夫苟不好善。則人將曰訑訑。予既知之矣。訑訑之聲音。距人于千里之外。士止于千里之外。則讒諂面諛之人至矣。與讒諂面諛之人居。國欲治得乎。是以尙賢也。左傳襄公二十一年。邾庶其以漆閭丘來奔。季武子以公姑姊妻之。

皆有賜于其從者。于是魯國多盜。季孫謂臧武仲曰。子盍詰盜。武仲曰。不可詰也。季孫曰。我有四封。而詰其盜。何故不可。子爲司寇。將盜是務去。若之何不能。武仲曰。子招外盜。而大禮焉。何以止吾盜。子爲正卿。而來外盜。使紇去之。將何以能。……紇也聞之。在上位者。洗濯其心。壹以待人。軌度其信。可明徵也。而後可以治人。夫上之所爲。民之歸也。上所不爲。而民或爲之。是以加刑罰焉。而莫敢不懲。若上之所爲。而民亦爲之。乃其所也。又何禁乎。

故爲政者。不可不審其好惡也。上尙賢則天下之賢趨之。上尙惡則天下之不肖者趨之。天下之不肖者趨之。雖有禮樂刑罰之具。亦無所施其教矣。

三　正名

子路問于孔子曰。衛君待子而爲政。子將奚先。子曰。必也正名乎。子路曰。有是哉。子之迂也。奚其正。子曰。野哉由也。君子于其所不知。蓋闕如也。名不正。則言不順。言不順。則事不成。事不成。則禮樂不興。禮樂不興。則刑罰不中。刑罰不中。則民無所措手足。故君子名之必可言也。言之必可行也。君子于其言。無所苟而已矣。

何言乎正名也。湯誥曰。凡我造邦。無從匪彝。無卽慆淫。各守爾典。以承天休。各守爾典。是正名也。齊景公問政于孔子。孔子對曰。君君。臣臣。父父。子子。君君。臣臣。父父。子子。各守爾典也。是正名也。各守爾典。則不從匪彝。不卽慆淫矣。夫如是則禮樂興而刑罰中矣。信如君不君。臣不臣。父不父。子不子。雖有粟。吾得而食諸。是名不正。則言不順。言不順。則事不成。事不成。則禮樂不興。禮樂不興。則刑罰不中。刑罰不中。則民無所措手足。而天下亂也。故大學曰。所惡于上。無以使下。所惡于下。無以事上。所惡于前。無以先後。所惡于後。無以從前。所惡于右。無以交于左。所惡于左。無以交于右。惡其不能各守其典也。不能各守其典。則上無以爲上。下無以爲下。先無以爲先。後無以爲後。右無以爲右。左無以爲左矣。是名不正也。

孟子曰。離婁之明。公輸子之巧。不以規矩。不能成方圓。師曠之聰。不以六律。不能正五音。堯舜之道。不以仁政。不能平治天下。今有仁心仁問。而民不被其澤。不可法于後世者。不行先王之道也。故曰。徒善不足以爲政。徒法不能以自行。……是以惟仁者。宜在高位。不仁而在高位。是播其惡于衆也。上無道揆也。下無法守也。朝不信道。工不信度。君子犯義。小人犯刑。國之所存者幸也。故曰。城郭不完。兵甲不多。非國之災也。田野不辟。貨財不聚。非國之害也。上無禮。下無學。賊民興。喪無日矣。然則如之何而可。孟子曰。欲爲君。盡君道。欲爲臣。盡臣道。二者皆法堯舜而已矣。不以舜之所以事堯事君。不敬其君者也。不以堯之所以治民治民　賊其民者也。

爲君而不盡君道。爲臣而不盡臣道。上無道揆。下無法守。朝不信道。工不信度。是皆名不正也。名不正則君不君。臣不臣。父不父。子不子。乃至兄弟夫婦朋友。均各失其道。而天下大亂矣。故孔子論爲政也。曰必也正名乎。名正則君君臣臣父父子子。賢者在位。能者在職。荀子所謂無德不貴。無能不官。無功不賞。無罪不罰。朝無幸位。民無幸生。尙賢使能。而等位不遺。析愿禁悍。而刑罰不過。百姓曉然皆知夫爲善于家而取賞于朝也。爲不善于幽而蒙刑于顯也。夫是之謂定論。是王者之論也。故曰正名者。政教之一端也。

第四章 衛民

第一節 禁暴

豫之彖曰。豫。順以動。故天地如之。而況建侯行師乎。天地以順動。故四時不忒。而日月不忒。聖人以順動。則刑罰清而民服。豫之時義大矣哉。師。貞丈人吉。无咎。其彖曰。師衆也。貞正也。能以衆正。可以王矣。剛中而應。行險而順。以此毒天下。而民從之。吉又何咎矣。順者何。順乎天而應乎人也。剛中者。理直也。理直則氣壯。而又應乎人。是以民服從之。行險而順也。此兵之要道也。何謂理直也。誅暴亂也。暴亂不除。則善民不伸。誅暴亂所以安善良也。此兵之所由起也。

大禹謨曰。帝曰咨禹。惟時有苗弗率。汝徂征。禹乃會羣后。誓于師曰。濟濟有衆。咸聽朕命。蠢茲有苗。昏迷不恭。反道敗德。君子在野。小人在位。民棄不保。天降之咎。肆予以爾衆士。奉辭伐罪。爾尙一乃心力。其克有勳。牧誓曰。今商王受。惟婦言是用。昏棄厥肆祀弗答。昏棄厥遺王父母弟不迪。乃惟四方之多罪逋逃。是崇是長。是信是使。是以爲卿士大夫。俾暴虐于百姓。以姦宄于商邑。今予惟恭行天之罰。是禹之伐有苗也。以民棄不保也。武王之伐紂也。以其暴虐百姓也。皆棄其君人者之責也。君人者而棄其天命。是自絕于天。自絕于民也。故易傳曰。湯武革命。順乎天。而應乎人也。

孟子曰。湯居亳。與葛爲鄰。葛伯放而不祀。湯使人問之曰。何爲不祀。曰。無以供犧牲也。湯使遺之牛羊。葛伯食之。又不以祀。湯又使人問之。曰。何爲不祀。曰。無以供粢盛也。湯使亳衆。往爲之耕。老弱饋食。葛伯率其民。要其酒有食黍稻者食之。不授者殺之。有童子以黍肉餉。殺而奪之。書曰。葛伯仇餉。此之謂也。爲其殺是童子而征之。四海之內。皆曰。非富天下也。爲匹夫匹婦復仇也。湯始征。自葛載。十一征。而無敵于天下。東面而征西夷怨。南面而征北狄怨。曰奚爲後我。民之望之。若大旱之望雨也。歸市者弗止。芸者不變。誅其君。而弔其民。如時雨降。民大悅。書曰。徯我后。后來其無罰。有攸不爲臣。東征。綏厥士女。匪厥玄黃。紹我周王見休。惟臣附于大邑周。其君子實玄黃于篚。以迎其君子。其小人簞食壺漿。以迎其小人。救民于水火之中。取其殘而已矣。是順以動也。苟無兵則殘民者將肆威于上。俾暴虐于百姓。百姓處水火之中。而無救之者矣。是兵之不可廢也。

左傳襄公二十七年。宋左師請賞。曰請免死之邑。公與之邑六十。以示子罕。子罕曰。凡諸侯小國。晉楚所以兵威之畏。而後上下慈和。而後能安靖其國家。以事大國。所以存也。無威則驕。驕則亂。亂生必滅。所以亡也。天生五材。民並用之。廢一不可。誰能去兵。兵之設久矣。所以威不軌而昭文德也。聖人以興。亂人以廢。廢興存亡。昏明之術。皆兵之由也。而子求去之。不亦誣乎。

第二節 人和

兌之彖曰。兌說也。剛中而柔外。說以利。貞。是以順乎天而應乎人。說以先民。民忘其勞。說以犯難。民忘其死。說之大。民勸矣哉。說以先民。民忘其勞。說以犯難。民忘其死。此戰之所以克也。

東山之詩曰。我徂東山。慆慆不歸。我來自東。零雨其濛。我東曰歸。我心西悲。制彼裳衣。毋士行枚。蜎蜎者蠋。烝在桑野。敦彼獨宿。亦在車下。　我徂東山。慆慆不歸。我來自東。零雨其濛。果臝之實。亦施于宇。伊威在室。蠨蛸在戶。町畽鹿場。熠燿宵行。亦可畏也。伊可懷也。　我徂東山。慆慆不歸。我來自東。零雨其濛。鸛鳴于垤。婦嘆于室。洒埽穹窒。我聿征至。有敦瓜苦。烝在栗薪。自我不見。于今三年。　我徂東山。慆慆不歸。我來自東。零雨其濛。倉庚于飛。熠燿其羽。之子于歸。皇駁其馬。親結其縭。九十其儀。其新孔嘉。其舊如之何。此所謂說以先民也。

破斧之詩曰。既破我斧。又缺我斨。周公東征。四國是皇。哀我人斯。亦孔之將。　既破我斧。又缺我錡。周公東征。四國是吪。哀我人斯。亦孔之嘉。　既破我斧。又缺我銶。周公東征。四國是遒。哀我人斯。亦孔之休。此所謂民忘其勞也。

秦風之詩曰。豈曰無衣。與子同袍。王于興師。修我戈矛。與子同仇。豈曰無衣。與子同澤。王于興師。修我矛戟。與子偕作。　豈曰無衣。與子同裳。王于興師。修我甲兵。與子偕行。此所謂說以犯難。民忘其死也。

然則何爲而可說以先民。說以犯艱也。管子山高篇曰。萬乘之國。兵不可以無主。土地博大。野不可以無吏。百姓殷衆。官不可以無長。操民之命。朝不可以無政。地博而國貧者。野不辟也。民衆而兵弱者。民無取也。故末產不禁。則野不辟。賞罰不信，則民無取。野不辟。民無取。外不可以應敵。內不可以固守。故曰。有萬乘之號。而無千乘之用。而求權之無輕。不可得也。地辟而國貧者。舟輿飾臺榭廣也。賞罰信而兵弱者。輕用衆使民勞也。舟輿飾臺榭廣。則賦斂厚矣。輕用衆使民勞。則民力竭矣。賦斂厚則下怨上矣。民力竭則令不行矣。下怨上。令不行。而求敵之勿謀已。不可得也。欲爲天下者。必重用其國。欲重用其國者。必重用其民。欲重用其民者。必重盡其民力。夫如是。則民力不竭而民不疲勞。然後民可得而用也。

左傳哀公元年。吳師在陳。楚大夫皆懼。曰。闔廬惟能用其民。以敗我于柏舉。今聞其嗣又甚焉。將若之何。子西曰。二三子恤不相睦。無患吳矣。昔闔廬食不二味。居不重席。室不崇壇。器不彤鏤。宮室不觀。舟車不飾。衣服財用。擇不取費。在國天有災厲。親巡孤寡。而共其乏困。在軍。熟食者分而後敢食。其所嘗者。卒乘與焉。勤恤其民。而與之勞逸。是以民不疲勞。死不知曠。先君大夫子常易之。所以敗我也。今聞夫差。次有臺榭陂池焉。宿有妃嬙嬪御焉。一日之行。所欲必成。玩好必從。珍異是聚。觀樂是務。視民如仇。而用之日新。先自敗也。安能敗我。

子西之言。闔廬重用其民也。夫差輕用其民也。重用其民者。愛民也。輕用其民者。仇民也。

上用其民。而又仇之。而求其忘其勞。忘其死。安可得乎。民不願效死。而求城之守。戰之克。又安可得乎。是以貴乎人和也。

孟子曰。天時不如地利。地利不如人和。三里之城。七里之郭。環而攻之。而不勝。夫環而攻之。必有得天時者矣。然而不勝者。是天時不如地利也。城非不高也。池非不深也。兵革非不堅利也。米粟非不多也。委而去之。是地利不如人和也。故曰。域民不以封疆之界。固國不以山谿之險。威天下不以兵革之利。得道者多助。失道者寡助。寡助之至。親戚畔之。多助之至。天下順之。以天下之所順。攻親戚之所畔。故君子有不戰。戰必勝矣。所謂得道者何也。愛人也。

左傳昭公十三年。叔弓圍費。弗克。平子怒。令見費人執之。以爲囚俘。冶區夫曰。非也。若見費人。寒者衣之。飢者食之。爲之令主。而共其乏困。費人來如歸。南氏亡矣。民將叛之。誰與居邑。若憚之以威。懼之以怒。民疾而叛。爲之聚也。若諸侯皆然。費人無歸。不親南氏。將焉入矣。平子從之。費叛南氏。

冶區夫之言。小技也。小施其技。而小人之懷惠已可見矣。故曰。得道者多助。失道者寡助。愛人者人恆愛之。愛之而欲其不親之近之。安可得乎。

左傳哀公元年。吳王夫差。敗越于夫椒。報檇李也。遂入越。越子以甲楯五千。保于會稽。使大夫種因吳太宰嚭以求成。吳子將許之。伍員曰。不可。臣聞之。樹德莫如滋。除惡莫如盡。

昔有過澆殺斟灌以伐斟鄩。滅夏后相。后緡方娠。逃出自竇。歸于有仍。生少康焉。爲仍牧正。惎澆能戒之，澆使椒求之。逃奔有虞。爲之庖正。以除其害。虞氏于是妻之以二姚。而邑諸綸。有田一成。有衆一旅。能布其德。而兆其謀。以收夏衆。撫其官職。使女艾諜澆。使季杼誘豷。遂滅過戈。復禹之績。祀夏配天。不失舊物。今吳不如過。而越大於少康。或將豐之。不亦難乎。勾踐能親而務施。施不失人。親不棄勞。與我同壤。而世爲讎仇。于是乎克而弗取。將又存之。違天而長寇讎。後雖悔之。不可食也。姬之衰也。日可俟也。介在蠻夷。而長寇讎。以是求伯。必不行矣。弗聽。退而告人曰。越十年生聚。而十年教訓。二十年之外。吳其爲沼乎。

伍員之有鑒于少康。有戒于勾踐。以少康能布其德。而兆其謀。以收夏衆也。勾踐能親而務施。施不失人。親不棄勞也。皆能得人和也。

荀子君道篇曰。君者民之源也。源清則流清。源濁則流濁。故有社稷者。而不能愛民。不能利民。而求民之親愛己。不可得也。民之不親不愛。而求其爲己用。爲己死。不可得也。民不爲己用。不爲己死。而求兵之勁。城之固。不可得也。兵不勁。城不固。而求敵之不至。不可得也。敵至而求無危削。不滅亡。不可得也。危削滅亡之情舉積此矣。而求安樂。是狂生者也。孟子所謂安其危而利其菑。樂其所以亡者也。是不仁之甚者也。

第三節　紀律

師之初六曰。師出以律。否臧凶。師出而無紀律。則如烏合之衆。未有能濟者也。泰誓曰。同力度德。同德度義。受有臣億萬。惟億萬心。予有臣三千。惟一心。……受有億兆夷人。離心離德。予有亂臣十人。同心同德。雖有周親。不如仁人。……勖哉夫子。罔或無畏。寧執非敵。百姓懍懍。若崩厥角。嗚呼。乃一德一心。立定厥功。惟克永世。受有臣億萬。惟億萬心。是烏合之衆也。予有臣三千。惟一心。是紀律之師也。牧誓曰。今予發。惟恭行天之罰。今日之事。不愆于六步七步。乃止齊焉。夫子勖哉。不愆于四伐五伐。六伐七伐。乃止齊焉。勖哉夫子。尙桓桓。如虎如貔。如熊如羆。于商郊。弗迓克奔。以役西士。勖哉夫子。爾所弗勖。其于爾躬有戮。弗迓克奔也。不愆于五步六步也。不愆于四伐五伐六伐七伐也。皆申之以紀律也。孔子曰。以不教民戰。是謂棄之。驅無紀律之民。而使之戰。是殘賊其民也。雖然。一心一德。非一朝一夕可以致也。孔子曰。善人教民七年。亦可以即戎矣。蓋亦必持之以歲月焉。齊語。桓公曰。吾欲從事于諸侯。其可乎。管子對曰。未可。國未安。桓公曰。安國若何。管子對曰。修舊法。擇其善者而業用之。遂滋民與無財而敬百姓。則國安矣。桓公曰諾。遂修舊法。擇其善者而業用之。遂滋民與無財而敬百姓。國既安矣。桓公曰。國安矣。其可乎。管子對曰。未可。君若正卒伍。修甲兵。則大國亦將正卒伍。修甲兵。則難以速得志矣。君有攻伐之器。小國諸侯。有守禦之備。則難以速得志矣。君若欲速得志于天下諸侯。則事可以隱令可以寄政。桓公曰。爲之若何。子對曰。管作內政。而寄軍令焉。桓公曰。善。

管子于是制國。五家有軌。軌爲之長。十軌爲里。里有司。四里爲連。連之爲長。十連爲鄉。鄉有良人焉。以爲軍令。五家爲軌。故五人爲伍。軌長帥之。十軌爲里。故五十人爲小戎。里有司帥之。四里爲連。故二百人爲卒。連長帥之。十連爲鄉。故二千人爲旅。鄉良人帥之。五鄉一帥。故萬人爲軍。五鄉之帥帥之。三軍。故有中軍之鼓。有國子之鼓。有高子之鼓。春以蒐振旅。秋以獮治兵。是故卒伍整于里。軍旅整于郊內。教旣成令。勿使遷徙。

伍之人。祭祀同福。死喪同恤。禍災共之。人與人相疇。家與家相疇。世同居。少同遊。故夜戰。聲相聞。足以不乖。晝戰。目相見。足以相識。其歡欣足以相死。居同樂。行同和。死同哀。故守則同固。戰則同疆。君有此士也三萬人以方行于天下。以誅無道。以屏周室。天下大國之君。莫之能禦。

若是者。紀律之師也。上下左右前後。各得其所。禮以相接。義以相守。親愛以處之。歡欣以鼓之。一德一心。如臂之使肘。肘之使指。進如潮湧。退如山立。動衆以道。行師以律。故天下大國之君。莫之能禦也。仁義之教也。故孔子曰。桓公九合諸侯。不以兵車。管仲之力也。如其仁。如其仁。

左傳僖公二十七年。晉侯始入而教其民。二年欲用之。子犯曰。民未知義。未安其居。于是乎出定襄王。入務利民。民懷生矣。將用之。子犯曰。民未知信。未宣其用。于是乎伐原以示之信。民易資者。不求豐焉。明徵其辭。公曰。可矣乎。子犯曰。民未知禮。未生其共。于是乎大蒐以示之禮。作執秩。以正其官。民聽不惑。而後用之。出穀戍。釋宋圍。一戰而霸。文之教也。

又襄公九年。秦景公使士雅乞師于楚。楚子許之。子囊曰。不可。當今吾不能與晉爭。晉君類能而使之。舉不失選。官不易方。其卿讓于善。其大夫不失守。其士競于教。其庶人力于農穡。工商皂隸。不知遷業。君明臣忠。上讓下競。當是時也。晉不可敵。是悼公能以禮讓爲國。其民必不爭利遠害。遺其親而後其君也。故曰。當是時也。晉不可敵也。

梁惠王曰。晉國天下莫強焉。叟之所知也。及寡人之身。東敗于齊。長子死焉。西喪地于秦七百里。南辱于楚。寡人恥之。願比死者一洒之。如之何則可。孟子對曰。地方百里。而可以王。王如施仁政。省刑罰。薄稅斂。深耕易耨。壯者以暇日。修其孝悌忠信。入以事其父兄。出以事其長上。可使制挺。以撻于秦楚之堅甲利兵矣。彼奪其民時。使不得耕耨。以養其父母。父母凍餓。兄弟妻子離散。彼陷溺其民。王往而征之。夫誰與王敵。故曰。仁者無敵。王請勿疑。壯者以暇日。修其孝弟忠信。入以事其父兄。出以事其長上。而求其犯上作亂。戰陳無勇。遺親後君。不可得也。是仁義之教也。

荀子強國篇曰。應侯問荀卿子曰。入秦何見。孫卿子曰。其固塞險。形勢便。山林川谷美。天材之利多。是形勝也。入境觀其風俗。其百姓樸。其聲樂不流汚。其服不挑。甚畏有司而順。古之民也。及都邑官府。其百吏肅然莫不恭儉敦敬忠信而不楛。古之吏也。入其國。觀其士大夫。出于其門。入于公門。出于公門。歸于其家。無有私事也。不比周。不朋黨。倜然莫不明通而公也。古之士大夫也。觀其朝廷。其間聽決。百事不留。恬然如無治者。古之朝也。故四世有勝。非幸也。數也。是所見也。故曰。佚而治。約而詳。不煩而功。治之至也。秦類之矣。

是故紀律之所施。非獨軍旅連伍也。鄉黨。州閭。都邑。官府。田野。市廛。宗廟。朝廷。無非施教之所也。受教之士。非獨將帥卒伍也。工商皂隸卿士大夫農夫負販皆受教之人也。政令修明。各守典常。擧國如此。而後有紀律之師。未有上無道揆。下無法守。而師旅獨有紀律者。故孔子曰。善人爲邦百年。亦可以勝殘去殺矣。諺曰。樹穀一年。樹木十年。樹人百年。移風易俗。非一朝一夕之事。亦在居之無倦。行之以忠也。紀律嚴明。擧國一心。夫誰而敢侮彼民哉。故紀律之師。所以衞民也。

第四節　戒備

否之九五曰。休否。大人吉。其亡其亡。繫于苞桑。子曰。危者安其位者也。亡者保其存者也。亂者有其治者也。是故君子安而不忘危。存而不忘亡。治而不忘亂。是以身安而國家可保也。易曰。其亡其亡。繫于苞桑。言能備患于未形也。秦之所以並諸侯一天下而卒歸于亡者。非取之不得其道也。所以守之者異也。管子牧民篇曰。城郭溝池。不足以固守。兵甲彊力。不足以應敵。博地多財。不足以有衆。惟有道者。能備患于未形也。故禍不萌。

所謂惟有道者能備患于未形者。何謂也。孟子曰。仁則榮。不仁則辱。今惡辱而居不仁。是猶惡濕而居下也。如恥之。莫如貴德而尊士。賢者在位。能者在職。國家間暇。及是時。明其政刑。雖大國必畏之矣。……今國家間暇。及是時。般樂怠敖。是自求禍也。禍福無不自己求之者。詩云。永言配命。自求多福。國家間暇。及是時。明其政刑。是備患于未形也。國家間暇。及是時。般樂怠敖。則不備患矣。

故孟子曰。不仁者。可與言哉。安其危。而利其菑。樂其所以亡者。不仁而可與言。則何亡國敗家之有。有孺子歌曰。滄浪之水清兮。可以濯我纓。滄浪之水濁兮。可以濯我足。自取之也。夫人必自侮。然後人侮之。家必自毀。然後人毀之。國必自伐。然後人伐之。太甲曰。天作孽。猶可違。自作孽。不可逭。此之謂也。國家間暇。及是時。般樂怠傲。是安其危而利其菑也。安其危而利其菑。是自伐之也。自伐之矣。而求國之不亡。不可得也。

左傳襄公三十年。鄭子產如陳蒞盟。歸復命。告大夫曰。陳亡國也。不可與也。聚禾粟。繕城郭。恃此二者。而不撫其民。其君弱植。公子侈。太子卑。大夫傲。政多門。以介于大國。能無亡乎。不過十年矣。陳所謂國家間暇。及是時。般樂怠敖。安其危而利其菑者也。徒恃城郭禾粟。不足以言戒備也。

左傳昭公四年。楚子使椒舉如晉。求諸侯。……晉侯欲弗許。司馬侯曰不可。晉楚雖天所輔。不可與爭。君其許之。……公曰。晉有三不殆。其何敵之有。國險而多馬。齊楚多難。有此三者。何鄉而不濟。對曰。恃險與馬。而虞鄰國之難。是三殆也。四嶽三塗。陽城大室。荊山終南。九州之險也。是不一姓。冀北之馬。土之所生。無興國焉。恃險與馬。不可以爲固也。從古以然。是以先王務修德以享神人。不聞其務險與馬也。鄰國之難。不可虞也。或多難以固其國。啓其疆土。或無難以喪其國。失其守宇。齊有仲孫之難。而獲桓公。至今賴之。晉有里丕之難。而獲文公。是以爲盟主。衞邢無難。敵亦喪之。故人之難。不可虞也。恃此三者。而不修德政。亡于不暇。又何能濟。

又昭公二十三年。楚囊瓦爲令尹。城郢。沈尹戌曰。子常必亡。郢苟不能衞。城無益也。古者天子守在四夷。天子卑。守在諸侯。諸侯守在四鄰。諸侯卑。守在四境。愼其四境。結其四援。民狎其野。三務成功。民無內憂。而又無外懼。國焉用城。今吳是懼。而城于郢。守己小矣。卑之不獲。能無亡乎。昔者梁伯溝其宮室。而民潰。民棄其上。不亡何待。夫正其疆易。修其土田。險其走集。親其民人。明其伍候。信其鄰國。愼其官守。守其禮交。不僭不貪。不懦不耆。完其守備。以待不虞。又何畏矣。

故曰。城郭溝池。不足以固守。兵甲彊力。不足以應敵。博地多財。不足以有衆。欲備患于未形。自有其道也。正其疆易。修其土田。險其走集。親其民人。明其伍候。信其鄰國。愼其官守。守其禮交。皆所謂明其政刑也。夫如是。雖大國亦畏之矣。何以知其然也。

左傳宣公十二年。初晉師在敖鄗之間。鄭皇戌使如晉師。曰。鄭之從楚。社稷之故也。未有貳心。楚師驟勝而驕。其師老矣。而不設備。子擊之。鄭師爲承。楚師必敗。彘子曰。敗楚服鄭。于此在矣。必許之。欒武子曰。楚自克庸以來。其君無日不討國人而訓之于民生之不易。禍至之無日。戒懼之不可以怠。在軍無日不討軍實而申儆之于勝之不可保。紂之百克而卒無後。訓之以若敖蚡冒篳路藍縷。以啓山林。箴之曰。民生在勤。勤則不匱。不可謂驕。先大夫子犯有言曰。師直爲壯。曲爲老。我則不德。而徼怨于楚。我曲楚直。不可謂老。其君之庸。分爲二廣。廣有一卒、卒偏之兩。右廣初駕。數及日中。左則受之。以至于昏。內官序當其夜。以待不虞。不可謂無備。師叔楚之崇也。子良鄭之良也。師叔入盟。子良在楚。楚鄭親矣。來勸我戰。我克則來。不克遂往。以我卜也。鄭不可從。故曰國家閒暇。及是時。明其政刑。雖大國亦畏之也。

第五節　非攻

非攻之說。爲中國古代聖賢一致之主張。帝典曰。柔遠能邇。禹以有苗昏迷不恭。民棄不保。而奉辭伐之也。益猶贊于禹曰。惟德動天。無遠弗屆。滿招損。謙受益。時乃天道。……禹遂班師振旅。帝乃誕敷文德。舞干羽于兩階。七旬有苗格。是舜禹之際。固未嘗黷武以揚威也。老子曰。以道佐人主者。不以兵強天下。其事好還。師之所處。荊棘生焉。大軍之後。必有凶年。善者果而已。不敢以取強。果而勿矜。果而勿伐。果而勿驕。果而不得已。果而勿強。物壯則老。是謂不道。不道早已。又曰。夫佳兵者。不祥之器。物或惡之。故有道者不處。君子居則貴左。用兵則貴右。兵者不祥之器。非君子之器。不得已而用之。恬淡爲上。勝而不美。而美之者。是樂殺人。夫樂殺人者。則不可以得志于天下矣。吉事尙左。凶事尙右。偏將軍居左。上將軍居右。言以喪禮處之。殺人之衆。以悲哀泣之。戰勝以喪禮處之。是老子之非攻也。

衞靈公問陳于孔子。孔子對曰。俎豆之事。則嘗聞之矣。軍旅之事。未嘗學也。明日遂行。是孔子之非攻也。

墨子非攻篇曰。今有一人。入人園圃。竊其桃李。衆聞則非之。上爲政者。得則罰之。此何也。以虧人自利也。至攘人犬豕雞豚者。其不義又甚入人園圃竊桃李。是何故也。以虧人愈多。其爲不義茲甚。罪益厚。……當此天下之君子。皆知而非之。謂之不義。今至大爲攻國。則弗知非。從而譽之。謂之義。此可謂知義與不義之別乎。殺一人謂之不義。必有一死罪矣。若以此說往。殺十人十重不義。必有十死罪矣。……今至大爲不義。攻國則弗知非。從而譽之謂之義。……今有人于此。少見黑曰黑。多見黑曰白。則以此人不知黑白之辯矣。少嘗苦曰苦。多嘗苦曰甘。則必以此人爲不知甘苦之辯矣。今小爲非則知而非之。大爲非。攻國。則不知而非。從而譽之。謂之義。可謂知義與不義之辯乎。是以知天下之君子也。辯義與不義之亂也。是墨子之非攻也。

孟子曰。有人曰。我善爲陳。我善爲戰。大罪也。國君好仁。天下無敵焉。南面而征。北狄怨。東面而征。西夷怨。曰奚爲後我。武王之伐殷也。革車三百兩。虎賁三千人。王曰。無畏。寧爾也。非敵百姓也。若崩厥角稽首。征之爲言正也。各欲正己也。焉用戰。

孟子曰。求也爲季氏宰。無能改于其德。而賦粟倍他日。孔子曰。求。非吾徒也。小子鳴鼓而攻之可也。由此觀之。君不行仁政而輔之。皆棄于孔子者也。况于爲之強戰。爭城以戰。殺人盈城。爭地以戰。殺人盈野。此所謂率土地而食人肉。罪不容于死。故善戰者服上刑。連諸侯者次之。辟草萊任土地者又次之。

孟子曰。今之事君者。曰我能爲君辟土地。充府庫。今之所謂良臣。古之所謂民賊也。君不鄉道。不志于仁。而求富之。是富桀也。我能爲君約與國。戰必克。今之所謂良臣。古之所謂民賊也。君不鄉道。不志于仁。而求爲之強戰。是輔桀也。由今之道。無變今之俗。雖與之天下。不能一朝居也。

孟子曰。不仁哉梁惠王也。仁者以其所愛。及其所不愛。不仁者以其所不愛。及其所愛。公孫丑曰。何謂也。梁惠王以土地之故。糜爛其民而用之。大敗。將復之。恐不能勝。故驅其所愛子以殉之。是之謂以其所不愛。及其所愛也。

孟子曰。吾今而後知殺人親之重也。殺人之父。人亦殺其父。殺人之兄。人亦殺其兄。然則非自殺之也。一間耳。

宋牼將之楚。孟子遇于石丘。曰。先生將何之。曰吾聞齊楚搆兵。我將見楚王。說而罷之。楚王不悅。我將見齊王。說而罷之。二王我將有所遇焉。曰軻也。請無問其詳。願聞其指。說之將何如。曰我將言其不利也。曰。先生之志則大矣。先生之號則不可。先生以利說齊楚之王。齊楚之王。悅于利以罷三軍之師。是三軍之士。樂罷而悅于利也。爲人臣者。懷利以事其君。爲人子者。懷利以事其父。爲人弟者。懷利以事其兄。是君臣父子兄弟終去仁義懷利以相接也。然而不亡者。未之有也。先生以仁義說齊楚之王。齊楚之王。悅于仁義以罷三軍之師。是三軍之士。樂罷而悅于仁義也。爲人臣者。懷仁義以事其君。爲人子者。懷仁義以事其父。爲人弟者。懷仁義以事其兄。是君臣父子兄弟去利懷仁義以相接也。然而不王者。未之有也。何必曰利。

綜上以觀。孔孟老墨。言雖不同。而其惡以兵力攻他人之國則一也。皆以爲掠奪土地之故。而興兵殺人爲不義之行也。故孔孟老墨。非言反戰也。非言去兵也。非言有其疆土而不保。棄其人民以資敵也。

檀弓魯哀十一年。齊國書帥師伐魯。戰于郎。公叔禺人遇負杖入保者息曰。使之雖病也。任之雖重也。君子不能爲謀也。士弗能死也。不可。我則旣言矣。與其鄰童汪踦往。皆死焉。魯人欲勿殤童汪踦。問于仲尼。仲尼曰。能執干戈。以衛社稷。雖欲勿殤也。不亦可乎。

曾子曰。戰陳無男。非孝也。

滕文公問孟子曰。滕小國也。間于齊楚。事齊乎。事楚乎。孟子曰。是謀非吾所能及也。無已則有一焉。鑿斯池也。築斯城也。與民守之。效死而民弗去。是則可爲也。由是觀之。孔孟固未嘗非戰也。非特未嘗非戰。且主抗戰以保衞疆土。保衞人民也。天生民而立之君。使司牧之。所以保國衞民也。國家危難。乃棄其疆土人民以資敵。是得謂爲人君乎。故孔孟老墨之所非者。興兵以攻人之國也。是乃不義也。若己之國受人之攻。委而棄之。是又大不義也。

江漢之詩曰。江漢浮浮。武夫滔滔。匪安匪遊。淮夷來求。旣出我車。旣設我旟。匪安匪舒。淮夷來舖。江漢湯湯。武夫洸洸。經營四方。告成于王。四方旣平。王國庶定。時靡有爭。王心載寧。江漢之滸。王命召虎。式辟四方。徹我疆土。匪疚匪棘。王國來極。于疆于理。至于南海。

六月之詩曰。六月棲棲。戎車旣飭。四牡騤騤。載是常服。玁狁孔熾。我是用極。王于出征。以匡王國。比物四驪。閑之維則。維此六月。旣成我服。我服旣成。于三十里。王于出征。以佐我天子。四牡修廣。其大有顒。薄伐玁狁。以奏膚公。有嚴有翼。共武之服。共武之服。以定王國。

采芑之詩曰。鴥彼飛隼。其飛戾天。亦集爰止。方叔涖止。其車三千。師干之試。方叔率止。鉦人伐鼓。陳師鞠旅。顯允方叔。伐鼓淵淵。振旅闐闐。蠢爾蠻荊。大邦爲讎。方叔元老。克壯其猶。方叔率止。執訊獲醜。戎車嘽嘽。嘽嘽焞焞。如霆如雷。顯允方叔。征伐玁狁。蠻荊來威。

是皆武人盡其保國衛民之責。而詩人美之也。非攻。非言棄民不保也。民棄不保。則天降之咎。自作孽不可逭矣。

第五章　政令

第一節　愛人

左傳襄公二十五年。晉程鄭卒。子產始知然明。而問政焉。對曰。視民如子。見不仁者逐之。如鷹鸇之逐鳥雀也。子產喜。以語子太叔。且曰。他日吾見蔑之面而已。今吾見其心矣。子太叔問政于子產。子產曰。政如農功。日夜思之。思其始而成其終。朝夕而行之。行無越思。如農之有畔。其過鮮矣。

然明之言。謂愛人也。視民如子。則愛護之無所不至。見有害之者。則必起而逐之。何謂愛人。孔子謂子張曰。尊五美。屏四惡。斯可從政矣。子張曰。何謂五美。子曰君子惠而不費。勞而不怨。欲而不貪。泰而不驕。威而不猛。子張曰。何謂惠而不費。子曰。因民之所利而利之。斯不亦惠而不費乎。擇可勞而勞之。又誰怨。欲仁而得仁。又焉貪。君子無衆寡。無小大。無敢慢。斯不亦泰而不驕乎。此四者。所謂愛人也。孔子謂哀公曰。凡爲天下國家有九經。曰修身也。尊賢也。親親也。敬大臣也。體羣臣也。子庶民也。來百工也。柔遠人也。懷諸侯也。子庶民也。來百工也。柔遠人也。此三者。所謂愛人也。子庶民則百姓勸。來百工則財用足。柔遠人則四方歸之。時使薄斂。所以勸百姓也。日省月試。旣稟稱事。所以勸百工也。送往迎來。嘉善而矜不能。所以柔遠人也。夫如是。則孔子所謂近者悅遠者來矣。故曰。

政愛人爲大。因其利而利之。擇可勞而勞之。易其田疇。薄其稅斂。使之以時以富之。日省月試旣稟稱事以足之。嘉善而矜不能以柔之。是愛人之實也。

愛人則必思有以安之。欲安之則必先進其能而除其害。能者不進。害者不除。則民不得安也。故仲弓爲季氏宰問政。孔子曰。先有司。赦小過。舉賢才。所以然者何也。書曰。嘉言罔攸伏。野無遺賢。萬邦咸寧。是賢者在位。能者在職。則民安而天下寧也。

雖然。惡者不退。則善者無由得伸也。故顏淵問爲邦。子曰。行夏之時。乘殷之輅。服周之冕。樂則韶舞，放鄭聲。遠佞人。鄭聲淫。佞人殆。何謂佞人。讒善者也。子張問明。子曰。浸潤之譖。膚受之愬。不行焉。可謂明也已矣。浸潤之譖。膚受之愬。不行焉。可謂遠也已矣。浸潤之譖。膚受之愬。佞人之能事也。巷伯之詩曰。萋兮菲兮。成是錦貝。彼譖人者。亦已太甚。哆兮侈兮。成是南箕。彼譖人者。誰適與謀。緝緝翩翩。謀欲譖人。愼爾言也。謂爾不信。捷捷幡幡。謀欲譖言。豈不爾受。旣其汝遷。故佞人得志。則賢者不得在位。能者不得在職。交亂四國。民不得安也。故蕩之詩曰。人有土田。女覆奪之。此宜無罪。女反收之。彼宜有罪。女覆說之。哲夫成城。哲婦傾城。懿厥哲婦。爲梟爲鴟。婦有長舌。維厲之階。亂匪降自天。生自婦人。匪教匪誨。時維婦寺。譖人之害如此。故然明論政。謂必逐之如鷹鸇之逐鳥雀也。孔子論政。謂必遠之。惡其顚覆國政而殘害斯民也。

荀子王制篇曰。聽政之大分。以善至者。待之以禮。以不善至者。待之以刑。兩者分別。則賢不肖不雜。是非不亂。賢不肖不雜。則英傑至。是非不亂。則國家治。若是名聲日聞天下。願令行禁。王者之事畢矣。凡聽政威嚴猛厲。而不好假道人。則下畏恐而不親。周閉而不竭。若是則大事殆乎弛。小事殆乎遂。和解調通。好假道人。而無所凝止也。則姦言並至。嘗試之說鋒起。若是則聽大事煩。是又傷之也。故法而不議。則法之所不至者必廢。職而不通。則職之所不及者必隊。故法而議。職而通。無隱謀。無遺善。而百事無過。非君子莫能。故公平者職之衡也。中和者聽之經也。其有法者以法行。無法者以類舉。聽之盡也。偏黨而無經。聽之辟也。故有良法而亂者。有之矣。有君子而亂者。自古及今。未嘗聞也。是政令之大端也。

第二節 任勞

皋陶曰。無教逸欲有邦。兢兢業業。一日二日萬幾。無曠庶官。天工人其代之。君人者。責任之艱巨如此。故曰。戒哉。儆戒無虞。罔失法度。罔遊于佚。罔淫于樂。又曰。后克艱厥后。臣克艱厥臣。政乃乂。黎民敏德。此所謂同寅協恭。以任此艱巨也。孔子曰。人之言曰。爲君難。爲臣亦不易。如知其爲君之難也。斯不亦一言而興邦乎。言知其難則不敢易之。不敢易之則臨事而懼。好謀而成之矣。

然則何如以任此天下之艱巨耶。太甲曰。若升高。必自下。若陟遐。必自邇。無輕民事惟難。無安厥位惟危。愼終于始。君牙曰。夏暑雨。小民惟曰怨咨。冬祈寒。小民亦惟曰怨咨。厥維艱哉。思其艱。以圖其易。民乃甯。愼終于始。思艱圖易。非一舉手可以盡之也。子夏爲莒父宰。問政。子曰。無欲速。無見小利。欲速則不達。見小利則大事不成。天下之事。固無時不應戒愼以處之。思維以成之也。孟子曰。無若宋人然。宋人有閔其苗之不長而揠之者。芒芒然歸。謂其人曰。今日病矣。予助苗長矣。其子趨而往視之。苗則槁矣。天下之不助苗長者寡矣。以其無益而舍之者。不耘苗者也。助之長者。揠苗者也。非徒無益。而又害之。爲政亦若此也。故子產曰。爲政如農功。日夜思之。思其始而成其終。朝夕而行之。行無越思。其過鮮矣。詩曰。維此文王。小心翼翼。昭事上帝。聿懷多福。朝夕行之也。又曰。不競不絿。不剛不柔。敷政優優。百祿是遒。行無越思也。

孟子曰。禹惡旨酒。而好善言。湯執中。立賢無方。文王視民如傷。望道而未之見。武王不泄邇。不忘遠。周公思兼三王。以施四事。其有不合者。仰而思之。夜以繼日。幸而得之。坐以待旦。聖人之憂民如此。而暇倦乎。故子張問政。子曰。居之無倦。行之以忠。子路問政。子曰。先之勞之。請益。曰無倦。無倦則愼終于始。思難圖易矣。無倦則不欲速。不見小利矣。無倦則不以爲無益而舍之矣。不揠而助之長矣。無倦則日夜思之。朝夕而行之矣。夫然後萬幾乃可理。黎民乃可敏德也。

子張問于孔子曰。何如斯可以從政矣。子曰。尊五美。屏四惡。斯可以從政矣。何謂四惡。子曰。不教而殺謂之虐。不戒視成謂之暴。慢令致期謂之賊。猶之與人也。出納之吝。謂之有司。此四者。或則舍之。或則助之長者也。是二三其德也。是視民如草芥也。

第三節　任怨

左傳昭公六年。鄭人鑄刑書。叔向使詒子產書曰。始吾有虞于子。今則已矣。昔者先王議事以制。不爲刑辟。懼民之有爭心也。猶不可禁禦。是故閑之以義。糾之以政。行之以禮。守之以信。奉之以仁。制爲祿位。以勸其從。嚴斷刑罰。以威其淫。懼其未也。故誨之以忠。聳之以行。教之以務。使之以和。臨之以敬。涖之以強。斷之以剛。猶求聖哲之上。明察之官。忠信之長。慈惠之師。民于是乎可使任也。而不生禍亂。民知有辟。則不忌于上。皆有爭心。以徵于書。而徼倖以成之。弗可爲矣。夏有亂政。而作禹刑。商有亂政。而作湯刑。周有亂政。而作九刑。三辟之興。皆叔世也。今吾子相鄭國。作封洫。立謗制。參刑辟。鑄刑書。將以靖民。不亦難乎。民知爭端矣。將棄禮而徵于書。錐刀之末。將盡爭之。亂獄滋豐。賄賂並行。終子之世。鄭其敗乎。肸聞之。國將亡。必多制。其此之謂乎。復書曰。若吾子之言。僑不才。不能及子孫。吾以救世也。既不承命。敢忘大惠。子產何爲而不納叔向之言乎。

公孫鞅說孝公曰。臣聞之。疑行無成。疑事無功。君亟定變法之慮。殆無顧天下之議之也。且夫有高人之行者。固見負于世。有獨知之慮者。必見驁于民。語曰。愚者闇于成事。知者見于未萌。民不可與慮始。而可與樂成。郭偃之法曰。論至德者。不和于俗。成大功者。不謀于衆。法者所以愛民也。禮者所以便事也。是以聖人。苟可以彊國。不法其故。苟可以利民。不循其禮。……夫常人安于故習。學者溺于所聞。此兩者。所以居官而守法。非所以論于法之外者也。三代不同禮而王。五霸不同法而霸。故知者作法。而愚者制焉。賢者更禮。而不肖者拘焉。拘禮之人。不足與言事。制法之人。不足與論變。……前世不同教。何古之法。帝王不相復。何禮之循。伏羲神農。教而不誅。黃帝堯舜。誅而不怒。及至文武。各當時而立法。因事而制禮。禮法以時而定。制令各順其宜。兵甲器備。各便其用。臣故曰。治世不一道。便國不必法古。湯武之王也。不修古而興。殷夏之滅也。不易禮而亡。然則反古者未必可非。循禮者未足多是也。

商鞅去仁義而尚霸術。逆人性而崇嚴刑。世之所謂忍人也。而更法一篇所言。在孝公時獨得政治之要。此亦不可以人廢言者。其與子產之鑄刑書。可謂殊途而同歸。其始意皆所以救世也。特商鞅行之不得其道耳。孟子曰。知者無不知也。當務之爲急。仁者無不愛也。急親賢之爲務。堯舜之知。而不偏物。急先務也。堯舜之仁。不偏愛人。急親賢也。常人見于近功。惑于遠大。爲政者。視民如子。苟可救世。固不必闇然媚于世也。書曰。罔違道以干百姓之譽。當務之爲急。是牧民者之道也。

所謂當務之爲急者何也。管子曰。不處不可久。不行不可復。不處不可久者。不偸取一世也。不行不可復者。不欺其民也。不偸取一世。則民無怨心。不欺其民。則下親其上。民無怨心而親其上。爲政之道。盡于是已。是當務之急也。而其本則在不欺其民。不偸取一世。不欺其民。不偸取一世。則不欲速。不見小利矣。則不違道。以干百姓之譽矣。苟心之不慾。何恤人之言。不能任怨者。不可以牧民也。

左傳襄公三十年。鄭子皮授子產政。辭曰。國小而偪。族大寵多。不可爲也。子皮曰。虎帥以聽。誰敢犯子。子善相之。國無小。小能事大。國乃寬。子產爲政。有事伯石。賂與之邑。子太叔曰。國皆其國也。奚獨賂焉。子產曰。無欲實難。皆得其欲。以從其事。而要其成。非我有成。其在人乎。何愛于邑。邑將焉往。子太叔曰。若四國何。子產曰。非相違也。而相從也。四國何尤焉。鄭書有之曰。安定國家。必大焉先。姑先安大。以待其所歸。旣伯石懼而歸邑。卒與之。子產使都鄙有章。上下有服。田有封洫。廬井有伍。大人之忠儉者。從而與之。泰侈者。因而斃之。豐卷將祭。請田焉。弗許。曰。唯君用鮮衆給而已。子張怒。退而徵役。子產奔晉。子皮止之。而逐豐卷。豐卷奔晉。子產請其田里。三年而復之。反其田里。及其入焉。從政一年。輿人誦之曰。取我衣冠而褚之。取我田疇而伍之。孰殺子產。吾其與之。及三年。又誦之曰。我有子弟。子產誨之。我有田疇。子產殖之。子產而死。誰其嗣之。故曰。民可與樂成。而不可與慮始也。若偸取一世。以干百姓之譽。則孰誨其子弟。孰殖其田疇邪。政者愛人而已。愛人者。求利之而已。毀譽于我何加焉。

第四節　察民意

書曰。罔違道以干百姓之譽。罔咈百姓以從己之欲。違道以干百姓之譽。是欺其民也。咈百姓以從己之欲。是讎其民也。欺其民者不可久也。讎其民者不可成也。何以知其然也。

管子牧民篇曰。政之所興。在順民心。政之所廢。在逆民心。民惡憂勞。我佚樂之。民惡貧賤。我富貴之。民惡危墜。我存安之。民惡滅絕。我生育之。能佚樂之。則民爲之憂勞。能富貴之。則民爲之貧賤。能存安之。則民爲之危墜。能生育之。則民爲之滅絕。故刑罰不足以畏其意。殺戮不足以服其心。故刑罰繁而意不恐。則令不行矣。殺戮衆而心不服。則上位危矣。故從其四欲。則遠者自親。行其四惡。則近者叛之。故知予之爲取者。政之寶也。故孟子曰。所欲與之聚之。所惡勿施爾也。則民之歸之也。猶水之就下。獸之走壙矣。故管子又曰。下令于流水之源。不爲不可成。不求不可得。下令于流水之源者。令順民心也。不爲不可成者。量民力也。不求不可得者。不彊民以其所惡也。令順民心。則威令行。量民力。則事無不成。不彊民以其所惡。則詐僞不生。如是則政令行而國治矣。

大禹謨曰。稽于衆。舍己從人。不虐無告。不廢困窮。伊訓曰。先王肇修人紀。從諫弗咈。先民時若。皆所以察民之隱。求其欲惡之所在。而決其政令之興革也。故王制曰。命大夫陳詩。以觀民風。命市納賈。以觀民之所好惡。志淫好辟。坊記記孔子之言曰。上酌民言。則下天上施。上不酌民言則犯也。下不天上施則亂也。故君子信讓以涖百姓。則民之報禮重。益之彖曰。益其損上益下。民說无疆。自上下下。其道大光。言上能施己以斟酌民之欲惡也。

周語。厲王虐。國人謗王。邵公告曰。民不堪命矣。王怒。得衛巫。使監謗者以告。則殺之。國人莫敢言。道路以目。王喜。告邵公曰。吾能弭謗矣。乃不敢言。邵公曰。是障之也。防民之口。甚于防川。川壅而潰。傷人必多。民亦如之。是故爲川者。決之使導。爲民者。宣之使言。故天子聽政。使公卿至于列士獻詩。瞽獻曲。師箴。瞍賦。矇誦。百工諫。庶人傳語。近臣盡規。親戚補察。瞽史教誨。耆艾修工。而後王斟酌焉。是以事行而不悖。民之有口。猶土之有山川也。財用于是乎出。猶原隰之有沃衍也。衣食于是乎生。口之宣言也。善敗于是乎興。行善而備敗。所以阜財用衣食者也。夫民慮之于心。而宣之于口。成而行之。胡可壅也。若壅其口。其與能幾何。王不聽。于是國人莫敢出言。三年。乃流王于彘。

左傳襄公三十一年。鄭人遊于鄉校。以論執政。然明謂子産曰。毁鄉校如何。子産曰。何爲。夫人朝而遊焉。以議執政之善否。其所善者。吾則行之。其所惡者。吾則改之。是吾師也。若之何毁之。我聞忠善以損怨。不聞作威以防怨。豈不遽止。然猶防川。大決所犯。傷人必多。吾不可救也。不如小決使導。

又襄公十年。盜殺鄭子駟。子國。子耳。刼鄭伯以如北宮。……子孔當國。爲載書。以位序聽政辟。大夫諸司門子弗順。將誅之。子産止之。請爲之焚書。子孔不可。曰爲書以定國。衆怒而焚之。是衆爲政也。國不亦難乎。子産曰。衆怒難犯。專欲難成。合二難以安國。危之道也。不如焚書以安衆。子得所欲。衆亦得安。不亦可乎。專欲無成。犯衆興禍。子必從之。乃焚書于倉門之外。衆而後定。

防民之口。甚于防川。此邵公之所以戒厲王。子産之所以不毁鄉校也。衆怒難犯。專欲難成。

此子產之所以焚載書也。故曰。不爲不可成。不求不可得。非違道以干百姓之譽也。蓋察民之好惡。是否合于道。合于道者。所欲與之聚之。所惡則勿施之。違于道者。亦不宜不待教而誅之也。故量民力。而不彊其所惡也。能如此。則刑罰不必繁。殺戮不必衆。則政自舉而令自行矣。

第六章　典職

第一節　任賢

一　考試

哀公問政。子曰。文武之政。布在方策。其人存。則其政舉。其人亡。則其政熄。人道敏政。地道敏樹。夫政也者。蒲蘆也。故爲政在人。孟子曰。徒善不足以爲政。徒法不能以自行。此言有治人無治法。苟得其人。則法之不善。可以善之。不得其人。則法雖善。亦爲具文也。故湯武之王也。不修古而興。殷夏之滅也。不易禮而亡。詩曰。雖無老成人。尚有典刑。曾是莫聽。大命以傾。典刑雖有。而無人以施之。大命亦不保也。故曰。其人存則其政舉。其人亡則其政熄。徒法不能以自行也。臯陶曰。都。在知人。在安民。禹曰。吁。咸若是。惟帝其難之。知人則哲。能官人。安民則惠。黎民懷之。能哲而惠。何憂乎驩兜。何遷乎有苗。何畏乎巧言令色孔壬。以堯舜之仁且知。尚不能免于驩兜有苗。任官之難。于此可見。

堯舜之世。任官之法。考試殆與推薦幷行。帝典帝曰。疇咨。若時登庸。放齊曰。胤子朱啓明。帝曰。吁。嚚訟可乎。帝曰。疇咨。若予采。驩兜曰。都。共工。方鳩僝功。帝曰。吁。靜言庸違。象恭滔天。帝曰。咨。四岳。湯湯洪水方割。蕩蕩懷山襄陵。浩浩滔天。下民其咨。有能俾乂。僉曰。於。鯀哉。帝曰。吁。咈哉。方命圮族。岳曰异哉。試可乃已。帝曰。往。欽哉。九載績用弗成。帝曰。咨四岳。朕在位七十載。汝能庸命巽朕位。岳曰。否。德忝帝位。曰。明明揚側陋。師錫帝曰。有鰥在下。曰虞舜。帝曰。俞。予聞。如何。岳曰。瞽子。父頑。母嚚。象傲。克諧以孝。烝烝乂。不格姦。帝曰。我其試哉。女于是。觀厥刑于二女。釐降二女于嬀汭。嬪于虞。帝曰。欽哉。愼徽五典。五典克從。納于百揆。百揆時叙。賓于四門。四門穆穆。納于大麓。烈風雷雨弗迷。帝曰。格汝舜。詢事考言。乃言底可績。三載。汝陟帝位。舜讓于德。弗嗣。正月上日。受終于文祖。

由此觀之。堯之任官。何其愼也。于胤子丹朱。則曰嚚訟而弗之許。于共工則曰靜言庸違。象恭滔天。而弗之許。于鯀則曰方命圮族。又弗之許。于舜雖有所聞。然亦必釐降二女以觀厥刑。愼之以五典。納之于百揆。賓之于四門。納之于大麓。詢事考言。乃言底可績。然後命之以位。責任愈重。則其任之也愈愼。故堯之任官。蓋推薦與考試幷重。故四岳之薦鯀也。曰試可乃已。堯之命舜也。曰我其試哉。

孟子曰。左右皆曰賢。未可也。諸大夫皆曰賢。未可也。國人皆曰賢。然後察之。見賢焉。然後用之。左右皆曰不可。勿聽。諸大夫皆曰不可。勿聽。國人皆曰不可。然後察之。見不可焉。然後去之。左右皆曰可殺。勿聽。諸大夫皆曰可殺。勿聽。國人皆曰可殺。然後察之。見可殺焉。然後殺之。故曰國人殺之也。如此然後可以爲民父母。堯舜蓋有之矣。

帝典曰。五載一巡狩。羣后四朝。敷奏以言。明試以功。車服以庸。敷奏以言。明試以功。所謂詢事考言也。是其考試之方法也。中試之後。位猶未定也。故曰三載考績。三考。黜陟幽明。試用九載。黜幽陟明。而位乃定。此鯀治水。九載績用弗成。所以殛之于羽山也。王制曰。凡官民材。必先論之。論辨然後使之。任事然後爵之。位定然後祿之。爵人于朝。與士共之。刑人于市。與衆棄之。亦所以愼之也。

二 尊德

益稷曰。臣作朕股肱耳目。予欲左右有民。汝翼。予欲宣力四方。汝爲。予違汝弼。汝無面從。退有後言。說命曰。若金。用汝作礪。若濟巨川。用汝作舟楫。若歲大旱。用汝作霖雨。生民之詩曰。价人維藩。大師維垣。大邦維屏。大宗維翰。懷德維甯。宗子維城。無俾城壞。無獨斯畏。命官之重如此。安得不愼。故仲虺之誥曰。德懋懋官。功懋懋賞。又曰。佑賢輔德。顯忠遂良。伊尹曰。任官惟賢才。左右惟其人。臣爲上惟德。爲下爲民。其難其愼。惟和惟一。說命曰。官不及私昵。惟其能。爵罔及惡德。惟其賢。君陳曰。簡厥修。亦簡其或不修。進厥良。亦率其或不良。皆言惟有德者。可任以爲官也。故說命曰。股肱惟人。良臣惟聖。管子曰。錯國于不傾之地。使民于不爭之官。明必死之路。開必得之門。錯國于不傾之地者。授有德也。使民于不爭之官者。使各爲其所長也。明必死之路者。嚴刑罰也。開必得之門者。信慶賞也。故授有德則國安。使各爲其所長則用備。嚴刑罰則民遠邪。信慶賞則民輕難。是任官之方也。故又曰。天下不患無臣。患無君以使之。天下不患無財。患無人以分之。故知時者可立以爲長。無私者可置以爲政。審于時而察于用。而能備官者。可奉以爲君也。荀子王制篇曰。請問爲政。曰賢能不待次而舉。罷不能不待須而廢。元惡不待教而誅。中庸民不待政而化。此所謂官不及私暱。惟其能。爵罔及惡德。惟其賢也。任官如此。過亦鮮矣。左傳僖公三十三年。臼季使過冀。見冀缺耨。其妻饁之敬。相待如賓。與之歸。言之文公曰。敬德之聚也。能敬必有德。德以治民。君請用之。……公曰。其父有罪可乎。對曰。舜之罪也殛鯀。其舉也興禹。管敬仲桓之賊也。實相以濟。康誥曰。父不慈。子不祗。兄不友。弟不共。不相及也。詩曰。采葑采菲。無以下體。君取節焉可也。文公以爲下軍大夫。是所謂賢能不待次而舉也。大禹謨曰。嘉言罔攸伏。野無遺賢。萬邦咸甯。惟不待次而舉。乃能無遺賢也。

第二節　黜不肖

一　讒佞

帝典曰。龍。朕堲讒說殄行。震驚朕師。命汝作納言。夙夜出納朕命。惟允。益稷曰。庶頑讒說。若不在時。侯以明之。撻以記之。書用識哉。欲並生哉。工以納言。時而颺之。格則承之庸之。否則威之。夫舜何惡讒說殄行如此之甚也。

小旻之詩曰。旻天疾威。敷于下土。謀猶回遹。何日斯沮。謀臧不從。不臧覆用。我視謀猶。亦孔之邛。　潝潝訿訿。亦孔之哀。謀之其臧。則具是違。謀之不臧。則具是依。我視謀猶。伊于胡底。我龜既厭。不我告猶。謀夫孔多。是用不集。發言盈庭。誰敢執其咎。如匪行邁謀。是用不得于道。哀哉爲猶。匪先民是程。匪大猶是經。維邇言是聽。惟邇言是爭。如彼築室于道謀。是用不潰于成。

訿訿潝潝。發言盈庭。而無敢執其咎者。是讒人之行也。

巧言之詩曰。悠悠昊天。曰父母且。無罪無辜。亂如此憮。昊天已威。予愼無罪。昊天泰憮。予愼無辜。亂之初生。僭始既涵。亂之又生。君子信讒。君子如怒。亂庶遄沮。君子如祉。亂庶遄已。君子屢盟。亂是用長。君子信盜。亂是用暴。盜言孔甘。亂是用餤。匪其共止。維王之邛。

讒人之無忠信如彼。而其言之孔甘又如此。而君子親之信之。是亂之所由生也。

桑柔之詩曰。維此良人。弗求弗迪。維彼忍心。是顧是復。民之貪亂。甯爲荼毒。大風有隧。有空大谷。維此良人。作爲式穀。維彼不順。征以中垢。大風有隧。貪人敗類。聽言則對。誦言如醉。匪用其良。覆言我悖。是則小人道長。而君子道消矣。

正月之詩曰。謂山蓋卑。爲岡爲陵。民之訛言。甯莫之懲。召彼故老。訊之占夢。具曰予聖。誰知烏之雌雄。……魚在于沼。亦匪克樂。潛雖伏矣。亦孔之炤。憂心慘慘。念國之爲虐。彼有旨酒。又有嘉殽。洽比其鄰。昏姻孔云。念我獨兮。憂心慇慇。佌佌彼有屋。蔌蔌方有穀。民今之無祿。夭夭是椓。哿矣富人。哀此惸獨。讒諂面諛之人。彈冠相慶。咸據高位。

而國事不堪問矣。

節南山之詩曰。節彼南山。維石巖巖。赫赫師尹。民具爾瞻。憂心如惔。不敢戲談。國既卒斬。何用不監。節彼南山。有實其猗。赫赫師尹。不平謂何。天方薦瘥。喪亂弘多。民言無嘉。憯莫懲嗟。尹氏大師。爲周之氐。秉國之鈞。四方是維。天子是毗。俾民不迷。不弔昊天。不宜空我師。弗躬弗親。庶民弗信。弗問弗仕。弗罔君子。式夷式已。無小人殆。瑣瑣姻亞。則無膴仕。……不弔昊天。亂靡有定。式月斯生。俾民不甯。憂心如酲。誰秉國成。不自爲政。卒勞百姓。

讒人高張。瑣瑣姻亞。又據要津。于是作威作福。無所不至矣。

十月之詩曰。抑此皇父。豈曰不時。胡爲我作。不卽我謀。徹我墻屋。田卒汙萊。曰予不戕。禮則然矣。皇父孔聖。作都于向。擇三有事。亶侯多藏。不憖遺一老。俾守我王。擇有車馬。以居徂向。黽勉從事。不敢告勞。無罪無辜。讒口囂囂。下民之孽。匪降自天。噂沓背憎。職競由人。

瞻卬之詩曰。瞻卬昊天。則不我惠。孔填不甯。降此大戾。邦靡有定。士民其瘵。柔賊柔疾。靡有夷届。罪罟不收。靡有夷瘳。人有土田。女反有之。人有民人。女覆奪之。此宜無罪。女反收之。彼宜有罪。女覆說之。哲夫成城。哲婦傾城。懿厥哲婦。爲梟爲鴟。婦有長舌。維厲之階。亂匪降自天。生自婦人。匪教匪誨。時維婦寺。　作威作福。而至于此。其結果又何如乎。

蕩之詩曰。文王曰咨。咨女殷商。曾是彊禦。曾是掊克。曾是在位。曾是在服。天降慆德。女興是力。文王曰咨。咨女殷商。而秉義類。彊禦多懟。流言以對。寇攘式內。侯作侯祝。靡屆靡究。文王曰咨。咨女殷商。女炰烋于中國。斂怨以爲德。不明爾德。時無背無側。爾德不明。以無陪無卿。文王曰咨。咨女殷商。天不湎爾以酒。不義從式。旣愆爾止。靡明靡晦。式號式呼。俾晝作夜。文王曰咨。咨女殷商。如蜩如螗。如沸如羹。小大近喪。人尙乎由行。內奰于中國。覃及鬼方。文王曰咨。咨女殷商。匪上帝不時。殷不用舊。雖無老成人。尙有典刑。曾是莫聽。大命以傾。讒人而秉國政。則孟子所謂安其危而利其菑。樂其所以亡者矣。此舜任官授職。所以深惡讒人而痛絕之也。

泰誓曰。我聞吉人爲善。惟日不足。凶人爲不善。亦惟日不足。今商王受。力行無度。播棄黎老。昵比罪人。淫酗肆虐。臣下化之。朋家作仇。脅權相滅。無辜籲天。穢德彰聞。牧誓曰。今商王受。惟婦言是用。昏棄厥遺祀弗答。昏棄厥遺王父母弟不迪。乃惟四方之多罪逋逃。是崇是長。是信是使。是以爲卿士大夫。俾暴虐于百姓。以姦宄于商邑。此詩所謂彊禦在位。掊克在服。炰烋于中國。斂怨以爲德也。故舜曰。朕堲讒說殄行。震驚朕師。惡其肆虐于無辜。以姦宄于天下也。此其所以深惡而痛絕之也。讒說殄行。靡屆靡究。則孟子所謂上無道揆。下無法守。朝不信道。工不信度。君子犯義。小人犯刑。國之所存者幸也。上無禮。下無學。賊民興。喪無日矣。姦邪讒佞之人。其肆虐也如此。故大禹謨曰。去邪勿疑。孔子曰。放鄭聲。遠佞人。鄭聲淫。佞人殆。立政曰。其在受德暋。惟羞刑暴德之人。同于厥邦。乃惟庶習。逸德之人。同于厥政。帝欽罰之。乃伻我有夏。式商受命。奄甸萬邦。……國則罔有立政用憸人。不訓于德。是罔顯在厥世。繼自今立政。其勿以憸人。其惟吉士。用勱相我國家。是皆深惡讒佞顚覆國政而痛絕之也。

二　才不足者

牧民者不獨讒佞之人宜屏之也。才力不足者。亦不可以任之。左傳襄公三十一年。子皮欲使尹何爲邑。子產曰。少。未知可否。子皮曰。愿。吾愛之。不吾叛也。使夫往而學焉。夫亦愈知治矣。子產曰。不可。人之愛人。求利之也。今吾子愛人。則以政。猶未能操刀而使割也。其傷實多。子之愛人。傷之而已。其誰敢求愛于子。子于鄭國棟也。棟折榱崩。僑將壓焉。敢不盡言。子有美錦。不使人學製焉。大官大邑。身之所庇也。而使學者製焉。其于美錦。不亦多乎。僑聞學而後入政。未聞以政學者也。若果行此。必有所害。譬如田獵。射御貫則能獲禽。若未能登車射御。則敗績厭覆是懼。何暇思獲。故命官任職。所宜審愼者。不獨賢德也。才力亦與焉。鼎之九四曰。鼎折足。覆公餗。其形渥凶。子曰。德薄而位尊。知少而謀大。力小而任重。尠不及矣。易曰鼎折足覆公餗。言不勝其任也。如尹何者。才不足者也。

解之六三曰。負且乘。致寇至。貞吝。子曰負也者。小人之事也。乘也者。君子之器也。小人而乘君子之器。盜思奪之矣。上慢下暴。盜思伐之矣。慢藏誨盜。冶容誨淫。易曰。負且乘。致寇至。盜之招也。何以知其然也。盆成括仕于齊。孟子曰。死矣盆成括。盆成括見殺。門人問曰。夫子何以知其將見殺。曰其爲人也。小有才。未聞君子之大道也。則足殺其軀而已矣。故有才而無德者。亦不可以任官也。墨子親士篇曰。不勝其任。而處其位。非此位之人也。不勝其爵。而處其祿。非此祿之主也。德不勝官。才不勝職。皆非所取也。必不得已。與其德不勝官。甯使才不勝職。德不勝官。則才適足以長其姦。才不勝官。猶可得善人而撫之。此孟子所謂好善優于天下。勝于多聞識也。以此衡人。則姦邪讒佞之人。無由得進矣。

第三節　官箴

一　爲政

帝典曰。咨十有二牧。曰食哉惟時。又曰。欽哉。惟時亮天功。此舜之官箴也。

五子之歌。其一曰。皇祖有訓。民可近。不可下。民爲邦本。本固邦甯。予臨兆民。懍乎若朽索之馭六馬。爲民上者。奈何不敬。其二曰。訓有之。內作色荒。外作禽荒。甘酒嗜音。峻宇彫墻。有一于此。未或不亡。此禹之官箴也。

伊訓曰。先王敷求哲人。俾輔于爾後嗣。制官刑。儆于有位。曰。敢有恆舞于宮。酣歌于室。

時謂巫風。敢有殉于貨色。恆于遊畋。時謂淫風。敢有侮聖言。逆忠直。遠耆德。比頑童。時謂亂風。惟茲三風十愆。卿士有一于身。家必喪。邦君有一于身。國必亡。臣下不匡。其刑墨。具訓于蒙士。此湯之官箴也。惟上帝不常。作善降之百祥。作不善降之百殃。爾惟德罔小。萬邦惟慶。爾惟德罔大。墜厥宗。此伊尹之官箴也。

周官曰。凡我有官君子。欽乃攸司。愼乃出令。令出惟行。弗惟反。以公滅私。民其允懷。學古入官。議事以制。政乃不迷。其爾典常作之師。無以利口亂厥官。蓄疑敗謀。怠忽荒政。……戒爾卿士。功崇惟志。業廣惟勤。惟克果斷。乃罔後艱。位不期驕。祿不期侈。恭儉惟德。無載爾僞。……居寵思危。罔不惟畏。弗畏入畏。此周初之官箴也。

綜上四箴。吾人可得一結論焉。其結論爲何。孔子所謂敬事而信。節用而愛人。使民以時是也。曰欽哉。惟時亮天功。敬民事也。民可近。不可下。予臨兆民。懔乎若朽索之馭六馬。敬民事也。不敢侮聖言。逆忠直。遠耆德。比頑童。敬民事也。欽乃攸司。愼乃出令。典常作師。不敢荒忽。居寵思危。不敢驕泰。敬民事也。聲色遊畋之樂不敢近。宮室酣舞之好不敢作。節用而愛人也。食哉惟時。知稼穡之艱難也。知稼穡之艱難。則節用愛人。使民以時矣。故堯舜禹湯文武之官箴。曰敬事也。愛人也。節用也。此三者。爲政之大經也。敬事則政令行。愛人則民親其上。節用則財用不匱。白華之詩曰。南山有杞。北山有李。樂只君子。民之父母。樂只君子。德音不已。爲政者。能以德撫民。則民戴之如父母矣。

二　同僚

帝典曰。咨。十有二牧。曰食哉惟時。柔遠能邇。惇德允元。而難任人。

大禹謨曰。帝曰。來禹。洚水儆予。成允成功。惟汝賢。克勤于邦。克儉于家。不自滿假。惟汝賢。汝惟不矜。天下莫與汝爭能。汝惟不伐。天下莫與汝爭功。予懋乃德。嘉乃丕績。

說命曰。有其善。喪厥善。矜其能。喪厥功。

周官曰。推賢進能。庶官乃和。不和政厖。舉能其官。惟爾之能。稱匪其人。惟爾不任。

秦誓曰。昧昧我思之。如有一介臣。斷斷猗。無他技。其心休休焉。其如有容焉。人之有技。若己有之。人之彥聖。其心好之。不啻若自其口出。是能容之。以能保我子孫黎民。亦職有利哉。人之有技。冒疾以惡之。人之彥聖。而違之。俾不通。是不能容。以不能保我子孫黎民。亦曰殆哉。邦之杌隉。曰由一人。邦之榮懷。亦尙一人之慶。

是皆所謂推賢讓能。而遠邪佞也。是爲政者相處之道也。推賢讓能。則辭貴不辭賤。辭富不辭貧。而禮讓之化行矣。去讒遠佞，則姦邪無由得乘。姦邪無由得乘。則政令不廢而民事得治理矣。

左傳襄公十三年。荀罃士魴卒。晉侯使士匄將中軍。辭曰。伯游長。荀偃將中軍。士匄佐之。使韓起將上軍。辭以趙武。又使欒黶。辭曰。臣不如韓起。韓起願上趙武。君其聽之。使趙武將上軍。韓起佐之。欒黶將下軍。魏絳佐之。晉國之民。是以大和。諸侯遂睦。君子曰。讓禮之主也。范宣子讓。其下皆讓。欒黶爲汰。弗敢違也。晉國以平。一人刑善。百姓休和。可不務乎。書曰。一人有慶。兆民賴之。其甯惟永。其是之謂乎。詩曰。儀刑文王。萬邦作孚。言刑善也。及其衰也。其詩曰。大夫不均。我從事獨賢。言不讓也。世之治也。君子尚能而讓其下。小人農力以事其上。是以上下有禮。而讒慝黜遠。由不爭也。謂之懿德。及其亂也。君子稱其功。以加小人。小人伐其技。以憑君子。上下無禮。亂虐並生。由爭善也。謂之昏德。國家之敝。恆必由之。

推賢讓能。固不必行于同僚也。儒行曰。儒有內稱不辟親。外舉不辟怨。程功積事。推賢而進達之。不望其報。君得其志。苟利國家。不求富貴。其舉賢援能。有如此者。祁奚有之矣。左傳襄公三年。祁奚請老。晉侯問嗣焉。稱解狐。其仇也。將立之。而卒。又問焉。對曰。午也可。于是羊舌職死矣。晉侯曰。孰可以代之。對曰赤也可。于是使祁午爲中軍。羊舌赤佐之。君子謂祁奚于是能舉善矣。稱其仇。不爲諂。立其子。不爲比。舉其偏。不爲黨。何以知立其子不爲比也。

晉語。祁奚辭于軍尉。公問焉。曰孰可。對曰。臣之子午可。人有言曰。擇臣莫若君。擇子莫若父。午之少也。婉以從令。遊有鄉。處有所。好學而不戲。其壯也。彊志而用命。守業而不淫。其冠也。和安而好敬。柔惠小物。而鎮定大事。有直質。而無流心。非義不變。非上不舉。若臨大事。其可以賢于臣。臣請薦所能薦。而君比義焉。公使祁午爲軍尉。沒。平公軍無秕政。是以知其立子不爲比也。故曰。程功積事。推賢而進達之。苟利國家。內不辟親。外不辟仇。是儒者舉賢援能之道也。

第四節　分官制祿

一　分官

北山之詩曰。陟彼北山。言采其杞。偕偕士子。朝夕從事。王事靡盬。憂我父母。溥天之下。莫非王土。率土之濱。莫非王臣。大夫不均。我從事獨賢。四牡彭彭。王事傍傍。嘉我未老。鮮我方將。旅力方剛。經營四方。或燕燕居息。或盡瘁事國。或偃息在牀。或不已于行。或不知叫號。或慘慘劬勞。或棲遲偃仰。或王事鞅掌。或湛樂飲酒。或慘慘畏咎。或出入風議。或靡事不爲。此言官職不分。而不肖者得以推諉也。治世則不然。

周官曰。若昔大猷。制治于未亂。保邦于未危。曰唐虞稽古。建官惟百。內有百揆四岳。外有州牧侯伯。庶政惟和。萬國咸寗。夏商官倍。亦克用乂。明王立政。不惟其官。惟其人。今予小子。祗勤于德。夙夜不逮。仰惟前代時若。訓迪厥官。立太師太傅太保。茲惟三公。論道經邦。燮理陰陽。官不必備。惟其人。少師少傅少保曰三孤。貳公弘化。寅亮天地。弼予一人。冢宰掌邦治。統百官。均四海。司徒掌邦教。敷五典。擾兆民。宗伯掌邦禮。治神人。和上下。司馬掌邦政。統六師。平邦國。司寇掌邦禁。詰姦慝。刑暴亂。司空掌邦土。居四民。時地利。六卿分職。各率其屬。以倡九牧。阜成兆民。六年五服一朝。又六年王乃時巡。考制度于四岳。諸侯各朝于方岳。大明黜陟。

故荀子王制篇曰。序官。宰爵知賓客祭祀饗食犧牲牢之數。司徒知百宗城郭立器之數。司馬知師旅甲兵乘馬之數。修憲命。審時尙。禁淫聲。以時順修。使夷俗邪音不敢亂雅。大師之事也。修堤梁。通溝澮。行水潦。安水藏。以時決塞。歲雖凶災水旱。使民有所耘艾。司空之事也。相高下。視肥磽。序五種。省農功。謹蓄藏。以時順修使農夫樸力而寡能。治田之事也。修火憲。養山林。藪澤。草木。魚鼈。百索。以時禁發。使國家足用。而財物不屈。虞師之事也。順州里。宅廛宅。養六畜。問樹藝。勸教化。趨孝弟。以時順修。使百姓順命。安樂處鄉。鄉師之事也。論百工。審時事。辨功苦。尙完利。便備用。使彫琢文彩。不敢專造于家。工師之事也。相陰陽。占祲兆。鑽龜陳卦。主攘擇五卜。知其吉凶妖祥。傴巫跛擊之事也。修採清。易道路。謹盜賊。平室律。以時順修。使賓旅安而貨財通。治市之事也。抃急禁悍。防淫除邪。戮之以五刑。除暴悍。以變姦邪不作。司寇之事也。本政教。正法則。兼聽而時稽之。度其功勞。論其慶賞。以時順修。使百吏免盡。而衆庶不偷。冢宰之事也。論禮樂。正身行。廣教化。美風俗。兼覆而調一之。辟公之事也。全道德。治隆高。綦文理。一天下。振毫末。使天下莫不順比從服。天王之事也。故政事亂則冢宰之罪也。國家失俗則辟公之過也。天下不一。諸侯反俗。則天王非其人也。

故周官曰。王曰。嗚呼。三事暨大夫。敬爾有官。亂爾有政。以佑乃辟。永康兆民。萬邦惟無斁。此湯誥所謂各守爾典。以承天休也。如是則政舉而國治矣。

左傳成公十八年。悼公即位于朝。始命百官。……使魏相士魴魏頡趙武為卿。荀家荀會欒黶韓無忌為公族大夫。使訓卿之子弟。共儉孝弟。使士渥濁為太傅。使修范武子之法。右行辛為司空。使修士蔿之法。弁糾御戎。校正屬焉。使訓諸御知義。荀賓為右。司士屬焉。使訓勇力之士。時使卿無共御。立軍尉以攝之。祁奚為中軍尉。羊舌職佐之。魏絳為司馬。張老為侯奄。鐸遏寇為上軍尉。籍偃為之司馬。使訓卒乘。親以聽命。程鄭為乘馬。御六騶屬焉。使訓羣騶知禮。凡六官之長。皆民譽也。舉不失職。官不易方。爵不踰德。師不陵旅。旅不偪師。民無謗言。所以復霸也。此六卿分職。各率其屬。各守其典之效也。

二　制祿

官職不同。爵祿自異。管子權修篇曰。凡牧民者。欲民之可御也。欲民之可御。則法不可不審。法者。將立朝廷者也。則爵服不可不貴也。爵服加于不義。則民賤其爵服。民賤其爵服。則人主不尊。人主不尊。則令不行矣。法者將用民力者也。將用民力者。則祿賞不可不重也。祿賞加于無功。則民輕其祿賞。民輕其祿賞。則上無以勸民。上無以勸民。則令不行矣。法者將用民能者也。將用民能者。則授官不可不審也。授官不審。則民間其治。民間其治。則理不上通。理不上通。則下怨其上。下怨其上。則令不行矣。法者將用民之死命者也。用民之死命者。則刑罰不可不審。刑罰不審。則有辟就。有辟就則殺不辜。而赦有罪。殺不辜而赦有罪。則國不免于賊臣矣。故夫爵服賤。祿賞輕。民間其治。賊臣首難。此謂敗國之教也。故曰官職不同。爵祿亦與之異也。

大東之詩曰。有饛簋飧。有捄棘匕。周道如砥。其直如矢。君子所履。小人所視。睠言顧之。潸焉出涕。小東大東。杼柚其空。糾糾葛屨。可以履霜。佻佻公子。行彼周行。既往既來。使我心疚。有冽氿泉。無浸穫薪。契契寤歎。哀我憚人。薪是穫薪。尙可載也。哀我憚人。亦可息也。東人之子。職勞不來。西人之子。粲粲衣服。舟人之子。熊羆是裘。私人之子。百僚是試。此言制祿之不均。而哀樂之不同也。制祿不均。則尸位者泰侈矣。

魏風之詩曰。坎坎伐檀兮。寘之河之干兮。河水淸且漣漪。不稼不穡。胡瞻爾庭。有縣貆兮。彼君子兮。不素餐兮。坎坎伐檀兮。寘之河之側兮。河水淸且直漪。不稼不穡。胡取禾三百億兮。不狩不獵。胡瞻爾庭。有縣特兮。彼君子兮。不素食兮。

舟人之子。熊羆是裘。私人之子。百僚是試。尸位素餐者。盡安福尊榮也。而盡瘁事國者。反慘慘畏咎。葛屨履霜。爵祿如此紊亂。國家之不傾覆者幾希。孔子曰。丘也。聞有國有家者不患寡。而患不均，不患貧。而患不安。蓋均無貧。和無寡。安無傾。不均則貧。不和則寡。不安則傾。貧也。寡也。傾也。皆制祿不均。官職不和之過也。故古之序官論爵也。使德必稱位。祿必稱職。功大者位尊。祿厚者任重。不相紊也。如是則無不均不安之象矣。

管子立政篇。曰君子所審者三。一曰德不當其位。二曰功不當其祿。三曰能不當其官。此三本者。治亂之原也。故國有德義未明于朝者。則不可加于尊位。功力未見于國者。則不可授以重祿。臨事不信于民者。則不可使任大官。故德厚而位卑者。謂之過。德薄而位尊者。謂之失。甯過于君子。而勿失于小人。過于君子。其爲怨淺。失于小人。其爲禍深。是故國有德義未明于朝。而處尊位者。則良臣不進。功力未見于國。而有重祿者。則勞臣不勸。有臨事不信于民而任大官者。則材臣不用。三本者審。則下不敢求。三本者不審。則邪臣上通而便僻制威。如此則明塞于上。而治壅于下。正道捐棄。而邪事日長。三本者審。則便僻無威于國。道塗無行禽。疏遠無蔽獄。孤寡無隱治。故曰省刑治寡。朝不合衆。故德義明而後加尊位。功力見而後授重祿。臨事信于民而後任大官。如是則德懋懋官。功懋懋賞。上下輯和。不相覬覦。分田制祿。可坐而定也。

北宮錡問曰。周室班爵祿也如之何。孟子曰。其詳不可得而聞也。諸侯惡其害己也。而皆去其籍。然而軻也。嘗聞其略也。天子一位。公一位。侯一位。伯一位。子男同一位。凡五等也。君一位。卿一位。大夫一位。上士一位。中士一位。下士一位。凡六等。天子之制。地方千里。公侯皆方百里。伯七十里。子男五十里。凡四等。不能五十里。不達于天子。附于諸侯。曰附庸。天子之卿。受地視侯。大夫受地視伯。元士受地視子男。大國地方百里。君十卿祿。卿祿四大夫。大夫倍上士。上士倍中士。中士倍下士。下士與庶人在官者同祿。祿足以代其耕也。次國地方七十里。君十卿祿。卿祿三大夫。大夫倍上士。上士倍中士。中士倍下士。下士與庶人在官者同祿。祿足以代其耕也。小國地方五十里。君十卿祿。卿祿二大夫。大夫倍上士。上士倍中士。中士倍下士。下士與庶人在官者同祿。祿足以代其耕也。耕者之所獲。一夫百畝。百畝之糞。上農夫食九人。上次食八人。中食七人。中次食六人。下食五人。庶人在官者。其祿以是爲差。是所謂功大者位尊。祿厚者任重。而不相紊也。如是則民貴其爵服。重其祿賞。良臣進而勞臣勸。上下輯和而不相覬覦。治國安民之基。在于是矣。

結論

一　無爲主義

秦漢以前。中國言倫理政治者。分四大派。一曰無爲主義。二曰兼愛主義。三曰法治主義。四曰禮教主義。請分別言之。

無爲主義。以老聃莊周爲代表。老子曰。道常無爲。而無不爲。侯王若能守。萬物將自化。化而欲作。吾將鎮之以無名之樸。無名之樸。亦將無欲。不欲以靜。天下將自定。惟其無爲無欲。而任萬物之自化也。故曰。天地不仁。以萬物爲芻狗。聖人不仁。以百姓爲芻狗。天地之間。其猶橐籥乎。虛而不屈。動而愈出。多言數窮。不如守中。惟其無爲無欲以百姓爲芻狗而任其自化也。故曰。上德不德。是以有德。下德不失德。是以無德。上德無爲。而無以爲。下德爲之。而有以爲。上仁爲之。而無以爲。上義爲之。而有以爲。上禮爲之。而莫之應。則攘臂而扔之。故失道而後德。失德而後仁。失仁而後義。失義而後禮。夫禮者忠信之薄。而亂之首。前識者道之華。而愚之始。是以大丈夫處其厚。不居其薄。處其實。不居其華。故去彼取此。故曰。大道廢有仁義。智慧出有大僞。六親不和有孝慈。國家昏亂有忠臣。是仁義忠孝。皆亂之首而愚之始也。故曰。絕聖棄智。民利百倍。絕仁棄義。民復孝慈。絕巧棄利。盜賊無有。此三者。以爲文不足。故令有所屬。見素抱樸。少施寡欲。

然則何如而可以絕聖棄知。絕仁棄義。絕巧棄利也。曰古之善爲道者。非以明民。將以愚之。民之難治。以其智多。故難治。以智治國國之賊。不以智治國國之福。知此兩者亦楷式。常知楷式。是爲玄德。玄德深矣遠矣。與物反矣。然後乃至大順。故曰不尙賢。使民不爭。不貴難得之貨。使民不爲盜。不見可欲。使民心不亂。是以聖人之治。虛其心。實其腹。弱其志。彊其骨。常使民無知無欲。使夫知者不敢爲也。爲無爲。則無不治。絕聖棄智之效。可以使天下無爲而治。老子描寫此種無爲而治之天下也。曰小國寡民。使有什伯人之器而不用。使民重死而不遠徙。雖有舟輦無所用之。雖有甲兵無所陳之。使民復結繩而用之。甘其食。美其服。安其居。樂其俗。鄰國相望。雞犬之聲相聞。民至老死不相往來。此老子理想中至治之極也。其致之之道。則在無爲。

莊周闡揚老氏之學者也。其言曰。聞在宥天下。不聞治天下。在之也者。恐天下之淫其性也。宥之也者。恐天下之遷其德也。天下不淫其性。不遷其德。有治天下者哉。昔堯之治天下也。使天下欣欣焉。人樂其性。是不恬也。桀之治天下也。使天下瘁瘁焉。人苦其性。是不愉也。夫不愉不恬非德也。非德也而可以長久者。天下無之。人大喜邪毗于陽。大怒邪毗于陰。陰陽並毗。四時不至。寒暑之和不成。其反傷人之形乎。使人喜怒失位。居處無常。思慮不自得。中道不成章。于是天下始喬桀卓鷙。而後有盜跖曾史之行。故舉天下以賞其善者不足。舉天下以罰其惡者不給。故天下之大。不足以賞罰。自三代以下者。匈匈焉終以賞罰爲事。彼何暇安其性命之情哉。而且說明邪。是淫于色也。說聰邪。是淫于聲也。說仁邪。是亂于德也。說義邪。是悖于理也。說禮邪。是相于技也。說樂邪。是相于淫也。說聖邪。是相于藝也。說知邪。是相于疵也。天下將安其性命之情之八者。存可也。亡可也。天下將不安其性命之情之八者。乃始臠卷愴囊而亂天下也。而天下乃始尊之惜之。甚矣。天下之惑也。豈直過也而去之耶。乃齊戒以言之。跪坐以進之。鼓歌以舞之。吾若是何哉。故君子不得已而臨涖天下。莫若無爲。無爲也而後安其性命之情。故貴以身爲天下。則可以托天下。愛以身爲天下。則可以寄天下。故君子苟能無解其五藏。無擢其聰明。尸居而龍見。淵默而雷聲。神動而天隨。從容無爲。而萬物炊累焉。吾又何暇治天下哉。

故從老莊之說。仁義禮智之德。皆非人性情之正。禮樂刑政之教。皆亂天下之源也。故莊子胠篋篇曰。絕聖棄知。大盜乃止。擿玉毀珠。小盜不起。焚符破璽。而民朴鄙。掊斗折衡。而民不爭。殫殘天下之聖法。而民始可與論議。擢亂六律。鑠絕竽瑟。塞師曠之耳。而天下始人含其聰矣。滅文章。散五采。膠離朱之目。而天下始人含其明矣。毀絕鈎繩。而棄規矩。攦工倕之指。而天下始人有其巧矣。故曰。大巧若拙。削曾史之行。鉗楊墨之口。攘棄仁義。而天下之德始玄同矣。彼人含其明。則天下不鑠矣。人含其聰。則天下不累矣。人含其知。則天下不惑矣。人含其德。則天下不僻矣。彼曾史楊墨師曠工倕離朱者。皆外立其德。而以爚亂天下者也。法之所無用也。

子獨不知至德之世乎。昔者容成氏。大庭氏。伯皇氏。中央氏。栗陸氏。驪畜氏。軒轅氏。赫胥氏。尊盧氏。祝融氏。伏羲氏。神農氏。當是時也。民結其繩而用之。甘其食。美其服。樂其俗。安其居。鄰國相望。雞狗之音相聞。民至老死不相往來。若此之時。則至治已。今遂至使民延頸舉踵。曰。某所有賢者。贏糧而趣之。則內棄其親。而外去其主之事。足跡接乎諸侯之境。車軌結乎千里之外。則是上好知之過也。上誠好知而無道。則天下大亂矣。何以知其然也。夫弓弩畢弋機變之知多。則鳥亂于上矣。鉤餌網罟罾笱之知多。則魚亂于水矣。削格羅落罝罘之知多。則獸亂于澤矣。知詐漸毒頡滑堅白解垢同異之變多。則俗惑于辯矣。故天下每每大亂。罪在于好知。故天下皆知非其所不善。而莫知非其所已善者。是以大亂。故上悖日月之明。下爍山川之精。中墮四時之施。惴耎之蟲。肖翹之物。莫不失其性。甚矣。夫好知之亂天下也。自三代以下者是已。舍夫種種之機。而悅夫役役之佞。釋夫恬淡無爲。而悅夫啍啍之意。啍啍已亂天下矣。

從老莊之說。則耳之聰。目之明。心之思慮。情之好惡。父子之親。君臣之義。夫婦之別。長幼之序。朋友之信。乃至舟車宮室衣服器械之用。皆亂天下者也。必聾其耳。瞽其目。昏其心思。絕其好惡。滅其父子君臣夫婦長幼朋友之倫。毀其舟車器械衣服宮室之用。含哺而熙。鼓腹而遊。而後天下始治。何則。苟有耳目心思情好人倫往來。則不能免于聽明思慮好惡仁義舟車器械之用也。因好知而無道。遂不能不幷知而棄絕之。是老莊之說也。

二　兼愛主義

兼愛之說。墨翟倡之也。其言曰。聖人以治天下爲事者也。必察亂之所自起焉。能治之。不知亂之所自起。不能治之。譬之如醫之攻人之疾者然。必知疾之所自起焉。能攻之。不知疾之所自起。則弗能攻治。亂者何獨不然。必知亂之所自起焉。能治之。不知亂之所自起。則弗能治。聖人以治天下爲事者也。不可不察亂之所自起。當察亂何自起。起不相愛。臣子之不孝君父。所謂亂也。子自愛不愛父。故虧父而自利。弟自愛。不愛兄。故虧兄而自利。臣自愛不愛君。故虧君而自利。是何也。皆起不相愛。雖至天下之爲盜賊者亦然。盜自愛其室。不愛其異室。故竊異室以利其室。賊愛其身。不愛人。故賊人以利其身。此何也。皆起不相愛。雖至大夫之相亂家。諸侯之相攻國者。亦然。大夫各愛其家。不愛異家。故亂異家以利其家。諸侯各愛其國。不愛異國。故攻異國以利其國。天下之亂物。具此而已矣。察此何自起。皆起不相愛。若使天下兼相愛人。若愛其身。惡施不孝。猶有不慈者乎。視子弟與臣若其身。惡施不慈。不孝亡有。猶有盜賊乎。故視人之室若其室。誰竊。視人之身若其身。誰賊。故盜賊亡有。猶有大夫之相亂家。諸侯之相攻國者乎。視人家若其家。誰亂。視人國若其國。誰攻。故大夫之相亂家。諸侯之相攻國者亡有。若使天下兼相愛。國與國不相攻。家與家不相亂。盜賊亡有。君臣父子皆能孝慈。若此則天下治。故聖人以治天下爲事者。惡得不禁惡而勸愛。故天下兼相愛則治。相惡則亂。故子墨子曰。不可以不勸愛人者此也。

然則如何而可以勸愛人也。墨子曰。昔者晉文公好士之惡衣。故文公之臣皆牂羊之裘。韋以帶劍。練帛之冠。入以見于君。出以踐朝。是其故何也。君悅之。故臣爲之也。昔者楚靈王好士細要。靈王之臣皆以一飯爲節。脅息然後帶。扶墻然後起。比期年。朝有黧黑之危。是其故何也。君說之。故臣能之也。昔越王勾踐好士之勇。教馴其臣。和合之。焚舟失火。試其士曰。越國之寶盡在此。越王親自鼓其士而進之。聞鼓音。破碎亂行。蹈火而死者左右百有餘人。越王擊金而退之。是故子墨子言曰。乃若夫少食惡衣殺身而爲名。此天下百姓之所皆難也。若苟君悅之。則衆能爲之。況兼相愛。交相利。與此異矣。夫愛人者人亦從而愛之。利人者人亦從而利之。惡人者人亦從而惡之。害人者人亦從而害之。此何難之有焉。特上不以爲政。而士不以爲行故也。

勸愛人則然矣。何爲而言兼愛也。墨子曰。姑嘗本原若衆害之所自生。此胡自生。此自愛人利人生與。卽必曰非然也。必曰從惡人賊人生分名乎。天下惡人而賊人者。兼與別與。卽必曰別也。然卽之交別者。果生天下之大害者與。是故別非也。……姑嘗本原若衆利之所自生。此胡自生。此自惡人賊人生與。卽必曰非然也。必曰從愛人利人生。分名乎天下愛人而利人者。別與兼與。卽必曰兼也。然卽之交兼者。果生天下之大利者與。是故子墨子曰。兼是也。……然而天下之士。非兼者之言猶未止也。曰卽善矣。雖然。豈可用哉。子墨子曰。用而不可難者亦將非之。且焉有善而不可用者。姑嘗兩而進之。誰以爲二士。使其一士者執別。使其一士者執兼。是故別士之言曰。吾豈能爲吾友之身若爲吾身。爲吾友之親若爲吾親。是故退覩其友。飢卽不食。寒卽不衣。疾病不侍養。死喪不塟埋。別士之言若此。行若此。兼士之言不然。行亦不然。曰。吾聞爲高士于天下者。必爲其友之身。若爲其身。爲其友之親。若爲其親。然後可以爲高士于天下。是故退覩其友。飢則食之。寒則衣之。疾病侍養之。死喪塟埋之。兼士之言若此。行若此。若之二士者。言相非而行相反。與當使若二士者。言必信。行必果。使言行之合若合符節也。無言而不行也。然卽敢問今有平原廣野于此。被甲嬰冑。將往戰。死生之權未可識也。又有君大夫之遠使于巴越齊荆。往來及否未及否。未可識也。然卽敢問不識將惡也家室奉承親戚提挈妻子而寄托之。不識于兼之有是乎。于別之有是乎哉。以爲當其于此也。天下無愚夫愚婦。雖非兼之人。必寄托之于兼之有是也。此言而非兼。擇卽取兼。卽此言行拂也。

然而天下之士。非兼者之言。猶未止也。曰意可以擇士。而不可以擇君子。姑嘗兩而進之。誰以爲二君。使其一君者執兼。使其一君者執別。是故別君之言。吾惡能爲吾萬民之身若爲吾身。此泰非天下之情也。人之生乎地上之無幾何也。譬之若駟馳而過郤也。是故退覩其萬民。飢卽不食。寒卽不衣。疾病不侍養。死喪不葬埋。別君之言若此。行若此。兼君之言不然。行亦不然。曰。吾聞爲明君于天下者。必先萬民之身。後爲其身。然後可以爲明君于天下。是故退覩其萬民。飢卽食之。寒卽衣之。疾病侍養之。死喪塟埋之。兼君之言若此。行若此。然卽交若之二君者。言相非而行相反與。常使若二君者言必信行必果。使言行之合若合符節也。無言而不行也。然即敢問今歲有癘疫。萬民多有勤苦凍餒轉死溝壑中者。既已衆矣。不識將擇之二君者。將何從也。我以爲當其于此也。天下無愚夫愚婦。雖非兼君必從兼君是也。言而非兼。擇即取兼。此言行拂也。不識天下所以皆聞兼而非之者其故何也。……

然而天下之非兼者之言。猶未止曰。意不忠親之利而害爲孝乎。子墨子曰。姑嘗本原之。孝子之爲親度者。吾不識孝子之爲親度者。亦欲人愛利其親與。意欲人之賊惡其親與。以說觀之。既欲人之愛利其親也。然即吾惡先從事即得此。若我先從事乎愛利人之親。然後人報我愛利吾親乎。意我先從事乎惡人之親。然後人報我以愛利吾親乎。即吾必先從事乎愛利人之親。然後人報我以愛利吾親也。然即之交孝子者。果不得已乎。毋先從事愛利人之親者與。意以天下之孝子。爲偶而不足以爲正乎。姑嘗本原先王之所書。大雅之所道。曰無言而不讐。無德而不報。投我以桃。報之以李。即此言愛人者。必見愛也。而惡人者。必見惡也。不識天下之士。所以皆聞愛而非之者。其故何也。意以爲難而不可爲邪。……我以爲則無有上說之者而已矣。苟有人說之者。勸之以賞譽。盛之以刑罰。我以爲人之于就兼相愛交相利也。譬之猶火之就上。水之就下也。不可防止于天下。故兼者。聖王之道也。王公大人之所以安也。萬民衣食之所以足也。故君子莫若審兼而務行之。爲人君必惠。爲人臣必忠。爲人父必慈。爲人子必孝。爲人兄必友。爲人弟必悌。故君子莫若欲爲惠君忠臣慈父孝子友兄悌弟。當若兼之不可不行也。此聖王之道而萬民之大利也。

愛人之親。若愛其親。則無先後厚薄之分矣。是之謂兼。愛人之親與己之親。而有先後厚薄之分。則先己之親而後人之親矣。是之謂別。別則不能使人愛利其親。故孝子之欲愛利其親。必先愛利他人之親。然後爲孝。然後爲兼愛。兼愛而天下始治。是墨子之說也。一簞食。一豆羹。得之則生。分之則死。從墨子之說。則將分其親之一簞食。先施人之親。坐視其親之死。然後爲孝。然後爲兼愛也。若不分其親之一簞食。先施人之親。則爲不孝。爲別也。人之親與其親。俱溺于河。墨子從而往救之。而一人之力不能勝二人焉。從墨子之說。則將分其救親之力。先救人之親。乃並己身而溺死于河。然後爲孝。然後爲兼愛焉。若不分其救親之力。先救人之親。則爲不孝。則爲別也。從墨子之說。則天下之人。將紛紛擾擾焉。視人之身若其身。視人之家若其家。視人之國若其國。同時同力。而實行之。則其成功也亦罕矣。何則。時有不待也。力有不足也。然必爲之者。爲兼愛也。若有先後厚薄之分。則別也。是墨子之說也。

三　法治主義

法治主義。以商鞅韓非爲代表。商君書修權篇曰。國之所以治者三。一曰法。二曰信。三曰權。法者君臣之所共操也。信者君臣之所共立也。權者君之所獨制也。人主失守則危。君臣釋法任私必亂。故立法明分而不以私害法則治。權制獨斷于君則威。民信其賞則事功成。信其刑則姦而端。故明主愛權重信。而不以私害法。故多惠言而尅其賞。則下不用數。如嚴令而不致其刑。則民傲死。凡賞者文也。刑者武也。文武者。法之約也。故明主任法。明主不蔽之謂明。不欺之謂察。故賞厚而利。刑重而威。必不失疏遠。不違親近。故臣不蔽主。而下不欺上。世之爲治者。多釋法而任私議。此國之所以亂也。先王縣權衡立尺寸。而至今法之。其分明也。夫釋權衡而斷輕重。廢尺寸而議長短。雖察商賈不用。爲其不必也。夫倍法度而任私議者。不類者也。不以法論能知賢不肖者惟堯。而世不盡爲堯。是故先王知自議譽私之不可任也。故立法明分。中程者賞之。毀公者誅之。賞誅之法。不失其議。故民不爭。授官予爵。不以其勞。則忠臣不進。行賞賦祿。不稱其功。則戰士不用。

凡人臣之事君也。多以主所好事君。君好法則臣以法事君。君好言則臣以言事君。君好法則端直之士在前。君好言則毀譽之臣在側。公私之分明則小人不疾賢。而不肖者不妬功。故堯舜之位天下也。非私天下之利也。爲天下位天下也。論賢舉能而傳焉。非疏父子親越人也。明于治亂之道也。故三王以義親。五霸以法正。諸侯皆非私天下之利也。爲天下治天下。是以擅其名而有其功。天下樂其政而莫之能傷也。今亂世之君臣。區區然皆擅一國之利。而管一官之重。以便其私。此國之所以危也。故公私之交。存亡之本也。夫廢法度而好私議。則姦臣鬻權以約祿。秩官之吏隱下而漁民。諺曰。蠹衆而木折。隙大而墻壞。故大臣爭于私而不顧其民。則下離上。下離上者。國之隙也。秩官之吏隱下以漁百姓。此民之蠹也。故有隙蠹而不亡者。天下鮮矣。是故明主任法去私。而國無隙蠹矣。

何謂任法。商君賞刑篇曰。聖人之爲國也。壹賞壹刑壹教。壹賞則兵無賞。壹刑則令行。壹教則下聽上。夫明賞不費。明刑不戮。明教不變。而民知于民務。國無異俗。明賞之猶。至于無賞也。明刑之猶。至于無刑也。明教之猶。至于無教也。所謂壹賞者。利祿官爵。摶出于兵。無有異施也。夫固知愚貴賤勇怯賢不肖。皆盡其胸臆之所知。竭其股肱之力。出死而爲上用也。天下豪傑賢良從之如流水。是故兵無敵而令行于天下。萬乘之國。不敢蘇其兵中原。千乘之國。不敢捍城。萬乘之國。若有蘇其兵中原者。戰將覆其軍。千乘之國若其捍城者。攻將凌其城。戰必覆人之軍。攻必凌人之城。盡城而有之。盡賓而致。雖厚慶賞。何費匱之有矣……善因天下之貨。以賞天下之人。故曰明賞不費。湯武旣破桀紂。海內無害。天下大定。築五庫。藏五兵。偃武事。修文教。倒載干戈。搢紳作爲樂。以中其德。當此時也。賞祿不行而民整。故曰。明賞之猶至于無賞也。

所謂壹刑者。刑無等級。自卿相將軍以至大夫庶人。有不從王令犯國禁亂上制者。罪死不赦。有功于前。有敗于後。不爲損刑。有善于前。有過于後。不爲虧法。忠臣孝子。有過必以其數斷。守法守職之吏。有不守王法者。罪死不赦。刑及三族。周官之人。知而訐之上者。自免于罪。無貴賤。尸襲其官長之官爵田祿。故曰。重刑連其罪。則民不敢試。民不敢試。故無刑也。夫先王之禁刺殺。斷人之足。黥人之面。非求傷民也。以禁姦止過也。故禁姦止過。莫若重刑。重刑而必得。則民不敢試。故國無刑民。國無刑民。故曰明刑不戮。晉文公將欲明刑以親百姓。于是合諸侯大夫于侍千宮。顛頡後至。請其罪。君曰。用事焉吏。遂斷顛頡之脊以殉。晉國之士。稽焉皆懼曰。顛頡之有寵也。斷以殉。況于我乎。舉兵伐曹五鹿。及反。鄭之埤東徵之畝。勝荆人于城濮。三軍之士止之如斬足。行之如流水。三軍之士。無敢犯禁者。故一假道重輕于顛頡之脊。而晉國治。……故曰。明刑之猶。至于無刑也。

所謂壹教者。博聞辯慧。信廉禮樂修行。羣黨。任譽。清濁。不可以富貴。不可以評刑。不可獨立私議。以陳其上。堅者被。銳者挫。雖曰聖知巧佞厚樸。則不能以非功罔上利。然富貴之門。要存戰而已矣。彼能戰者。踐富貴之門。彊梗焉。有常刑而不赦。是父兄昆弟知識昏姻合同者。皆曰務之所加。存戰而已矣。夫故當壯者務于戰。老弱者務于守。死者不悔。生者務勸。此臣之所謂壹教也。民之欲富貴也。共闔棺而後止。而富貴之門。必止于兵。是故民聞戰而相賀也。起居飲食所歌謠者戰也。此臣之所謂明教之猶。至于無教也。此臣所謂參教也。聖人非能通知萬物之要也。故其治國舉要。以致萬物。故寡教而多功。聖人治國也。易知而難行也。是故聖人不必加。凡主不必廢。殺人不爲暴。賞人不爲仁者。國法明也。聖人以功授官予爵。故賢者不憂。聖人不宥過不赦刑。故姦無起。聖人治國也。審壹而已矣。

故由商鞅之說。則去禮任法。去德尙刑。乃治國之要術。嚴刑峻罰。連坐告訐。過失無宥。乃任法之大本。戰鬬爭奪。死無反顧。乃教化之大綱。故其言曰。辯慧亂之贊也。禮樂淫佚之徵也。慈仁過之母也。任舉姦之鼠也。國有八者。民勝其政。國無八者。政勝其民。民勝其政國弱。政勝其民兵強。故國有八者。上無以使守戰。必削至亡。國無八者。上有以使守戰。必興至王。故重刑以勝民。使民爲之死。而不敢叛。非上愛下而不忍殘之。非下愛上而不忍叛之也。是商鞅之說也。

韓非有度篇曰。國無常強。無常弱。奉法者強。則國強。奉法者弱。則國弱。……故有荊莊齊桓則荊齊可以霸。有燕襄魏安釐則燕魏可以強。今皆亡國者。其羣臣官吏皆務所以亂而不務所以治也。其國亂弱矣。又皆釋國法而私其外。則是負薪而救火也。亂弱甚矣。故當今之世。能去私曲。就公法者。民安而國治。能去私行行公法者。則兵強而敵弱。故審得失則法度之制者。加以羣臣之上。則主不可欺以詐僞。審得失有權衡之稱者。以聽遠事。則主不可欺以天下之輕重。今若以譽進能。則臣離上而下比周。若以黨舉官。則民務交而不求用于法。故官之失能者其國亂。以譽爲賞以毀爲罰也。則好賞惡罰之人。釋公法行私術。比周以相爲也。忘主外交。以進其與。則其下所以爲上者薄矣。交衆與多。外內朋黨。雖有大過。其蔽多矣。故忠臣危死于非罪。姦臣安利于無功。忠臣死危而不以其罪。則良臣伏矣。姦邪之臣安利不以其功。則姦臣進矣。此亡之本也。……此其所以然者。由主之不上斷于法。而信下爲之也。故明主使法擇人。不自舉也。使法量功。不自度也。能者不可弊。敗者不可飾。譽者不能進。非者弗能退。則君臣之間。明辯而易治。故主讐法則可也。……

夫爲人主而身察百官。則日不足。力不給。且上用目則下飾觀。上用耳則下飾聲。上用慮則下繁辭。先王以三者爲不足用。而因法數。審賞罰。先王之所守要。故法省而不侵。獨制四海之內。聰智不得用其詐。險躁不得關其佞。姦邪無所依。遠在千里外。不敢易其辭。勢在郎中。不敢蔽善飾非。朝廷上下。直湊單微。不敢相踰越。故治不敢而日有餘。上之任勢使然也。夫人臣之侵其主也。如地形焉。卽漸以往。使人主失端。東西易面。而不自知。……故明主使羣臣。不遊意于法之外。不爲惠于法之內。動無非法。法所以淩。過遊外私也。嚴刑所以遂令懲下也。威不貸錯制。則衆邪彰矣。法不信則君行危矣。刑不斷則邪不勝矣。故曰。巧匠目意中繩。然必先以規矩爲度。上智捷舉中事。必以先王之法爲比。故繩直而枉木斲。準夷而高科削。權衡縣而重益輕。斗石設而多益少。故以法治國。舉錯而已矣。法不阿貴。繩不撓曲。法之所加。智者弗能辭。勇者弗敢爭。刑過不避大臣。賞善不遺匹夫。故矯上之失。詰下之邪。治亂決繆。絀羨齊非。一民之軌。莫如法。屬官威民。退淫殆。止詐僞。莫如刑。刑重則不敢以貴易賤。法審則上尊而不侵。上尊而不侵。則主強而守要。故先王貴之而傳之。人主釋法用私。則上下不別矣。

故以法治國則國治。嚴刑重罰則法令行。何以知其然也。韓非心度篇曰。刑勝治之首也。賞繁亂之本也。夫民之性。喜其亂而不親其法。故明主之治國也。明賞則民勸功。嚴刑則民親法。勸功則民事不犯。親法則姦無所萌。故治民者。禁姦于未萌。而用兵者。服戰于民心。禁先其本者治。兵戰其心者勝。聖人之治民也。先治者強。先戰者勝。夫國事務先而一民心。專舉公而私不從。賞告而姦不生。明法而治不煩。能用四者強。不能用四者弱。夫國之所以強者政也。主之所以尊者權也。故明君有權有政。亂君亦有權有政。積而不同。其所以立異也。故明君操權而上重。一政而國治。故法者王之者也。刑者愛之自也。夫民之性。惡勞而樂佚。佚則荒。荒則不治。不治則亂。而賞刑不行于天下者必塞。故欲舉大功而難致其力者。大功不可幾而舉也。欲治其法而難變其故者。民亂不可幾而治也。故治民無常。唯治爲法。法與時轉則治。治與時宜則有功。故民樸而禁之以名則治。世治維之以刑則從。時移而治不易者亂能。治衆而禁不變者削。故聖人之治民。治法與世移而禁與能變。能越力于地者富。能起力于敵者強。強不塞者王。故主道在所聞。在所塞。塞其姦者必王。故王術不恃外之不亂也。恃其不可亂也。恃外不亂而治立者削。恃其不可亂而行法者興。故賢君之治國也。適于不亂之術。貴爵則上重。故賞功爵任而邪無所關。好力者其爵貴。爵貴則上尊。上尊則必王。國不恃力而恃私學者。其爵賤。爵賤則上卑。上卑者必削。故立國用民之道也。能閉外塞私。而上自恃者。王可致也。

由此以觀。韓非之說。與商鞅初無二致。亦尙法術以馭臣下。重嚴刑以濟萬民。賞告訐以遏亂萌。以爲天下從此可以長治久安者也。是商韓之說也。

四　禮教主義

禮教主義則不然。孔子曰，道之以政。齊之以刑。民免而無恥。道之以德。齊之以禮。有恥且格。孟子曰。善政不如善教之得民也。善政民畏之。善教民愛之。善政得民財。善教得民心。法治主義。所以使民畏之也。禮教主義。所以使民愛之也。孟子曰。以力假人者霸。霸必有大國。以德行仁者王。王不待大。湯以七十里。文王以百里。以力服人者。非心服也。力不贍也。以德服人者。中心悅而誠服也。如七十子之服孔子也。詩云。自西自東。自南自北。無思不服。此之謂也。故孟子又曰。霸者之民。驩虞如也。王者之民。皞皞如也。殺之而不怨。利之而不庸。民日遷善。而不知爲之者。夫君子所存者神。所過者化。上下與天地同流。豈曰小補之哉。此禮教主義之所以異于法治主義也。

兼愛主義者曰。兼愛而天下治。禮教主義則不然。孔子曰。夫仁者。己欲立而立人。己欲達而達人。又曰。己所不欲。勿施于人。孟子曰。人皆有所不忍。達之于其所忍。仁也。人皆有所不爲。達之于其所爲。義也。又曰。老吾老。以及人之老。幼吾幼。以及人之幼。天下可運之掌上。又曰。君子之于物也。愛之而弗仁。于民也。仁之而弗親。親親而仁民。仁民而愛物。孔孟固未嘗不教人愛人也。惟孝經曰。不愛其親。而愛他人者。謂之悖德。不敬其親。而敬他人者。謂之悖禮。而墨子則謂此老吾老以及人之老。親親而仁民。爲別也。而非之也。此孟子所以謂墨子兼愛爲無父也。

昔子產聽鄭國之政。以其乘輿。濟人于溱洧。孟子曰。惠而不知爲政。歲十一月徒杠成。十二月輿梁成。民未病涉也。君子平其政。行辟人可也。焉得人人而濟之。故爲政者。每人而悅之。日亦不足矣。從墨子之說。固將人人而濟之。每人而悅之也。亦勢之所不可能者也。

無爲主義者曰。無爲而天下治。禮教主義則不然。論語曰。子路宿于石門。晨門曰。奚自。子路曰。自孔氏。曰是知其不可而爲之者與。子擊磬于衛。有荷蕢而過孔氏之門者曰。有心哉。擊磬乎。既而曰。鄙哉。硜硜乎。莫己知也。斯已而已矣。深則厲。淺則揭。子曰。果哉。末之難矣。夫孔子何爲知其不可而爲之。何爲莫己知而不已也。子路曰。不仕無義。長幼之節。不可廢也。君臣之義。如之何其廢之。欲潔其身。而亂大倫。君子之仕也。行其義也。道之不行。已知之矣。是孔子之有爲。固將行其義也。故孔子曰。鳥獸不可與同羣。吾非斯人之徒與。而誰與。天下有道。丘不與易也。

是以無爲主義。無政治。無倫理。其所謂治國。無爲而已矣。故曰無政治也。兼愛主義。有政治。而無倫理。無親疏之別。長幼之序。貴賤之等。故曰。無倫理也。法治主義。非政治。非倫理。擯棄禮樂。絕滅仁義。父子無親。君臣無義。夫婦無恩。長幼無序。朋友無信。舉凡人類一切思想活動。無不軌之以法術。濟之以重刑。故曰法治主義。非政治。非倫理也。兼愛主義。有政治。無倫理也。無爲主義。無政治。無倫理也。禮教主義則不然。有政治。有倫理。有政治。有倫理。故有爲也。故愛人而有敍也。故不以威力法術假人也。其所以有爲者。非好事也。不得已而爲之也。

孟子曰。當堯之時。天下猶未平。洪水橫流。氾濫于天下。草木暢茂。禽獸繁殖。五穀不登。禽獸偪人。獸蹄鳥跡之道。交于中國。堯獨憂之。舉舜而敷治焉。舜使益掌火。益烈山澤而焚之。禹疏九河。瀹濟漯。而注諸海。決汝漢。排淮泗。而注之江。然後中國可得而食也。后稷教民稼穡。樹藝五穀。五穀熟。而民人育。人之有道也。飽食煖衣。逸居而無教。則近于禽獸。聖人有憂之。使契爲司徒。教以人倫。父子有親。君臣有義。夫婦有別。長幼有序。朋友有信。放勳曰。勞之來之。匡之直之。輔之翼之。使自得之。又從而振德之。聖人之憂民如此。豈可已而不已者哉。堯舜旣沒。聖人之道衰。暴君代作。壞宮室以爲汚池。民無所安息。棄田以爲園囿。使民不得衣食。邪說暴行又作。園囿汚池沛澤多。而禽獸至。及紂之身。天下又大亂。周公相武王。誅紂伐奄。三年討其君。驅飛廉于海隅而戮之。滅國者五十。驅虎豹犀象而遠之。天下大悅。書曰。丕顯哉。文王謨。丕承哉。武王烈。佑啓我後人。咸以正無缺。世衰道微。邪說暴行有。作臣弑其君者有之。子弑其父者有之。孔子懼。作春秋。春秋者。天子之事也。是故孔子曰。知我者其惟春秋乎。罪我者其惟春秋乎。聖王不作。諸侯放恣。處士橫議。楊朱墨翟之言盈天下。天下之言。不歸楊。則歸墨。楊氏爲我。是無君也。墨氏兼愛。是無父也。無父無君。是禽獸也。公明儀曰。庖有肥肉。廄有肥馬。民有飢色。野有餓莩。此率獸而食人也。楊墨之道不息。孔子之道不著。是邪說誣民。充塞仁義也。仁義充塞。則率獸食人。人將相食。吾爲此懼。閑先聖之道。距楊墨。放淫辭。邪說者不得作。作于其心。害于其事。作于其事。害于其政。聖人復起。不易吾言矣。昔者禹抑洪水。而天下平。周公兼夷狄。驅猛獸。而百姓寧。孔子成春秋。而亂臣賊子懼。詩云。戎狄是膺。荆舒是懲。則莫我敢承。無父無君。是周公所膺也。我亦欲正人心。息邪說。距詖行。放淫辭。以承三聖者。豈好辯哉。予不得已也。

是故聖人之道。或出或處。或作或語。無不孜孜于救世愛人也。所以然者。不忍人之心爲之也。是以禹思天下有溺者。猶己溺之也。稷思天下有飢者。猶己飢之也。其急有如是也。故禹八年于外。三過其門而不入。取于塗山。辛壬癸甲。啓呱呱而泣。禹弗子。惟荒度土功也。周公思兼三王。以施四事。其有不合者。仰而思之。夜以繼日。幸而得之。坐以待旦。孔子視暴政代興。邪說橫行。無父無君。天下大亂。猶己亂之也。是以祖述堯舜。闡仁義之道。干七十君而不遇。阨于陳蔡。畏于匡人。不變其守。與諸弟子昌先王之教。明人倫之理。任重道遠。至死不辭者。不忍人之心爲之也。

以不忍人之心。律之于己。則爲窮理盡性。積學修身。行己有恥。待人以忠。以不忍人之心。行之人倫。則父子有親。君臣有義。夫婦有別。長幼有序。朋友有信。以不忍人之心。行之天下。則有不忍人之政。愛民如子。不敢怠荒。養之育之。惟求富之。教之誨之。使自得之。保之衞之。不敢殘之。任勞任怨。惟求利之。擇賢能以官之。黜不肖以遂長之。故孟子之言仁政也。曰。五畝之宅。樹之以桑。五十者可以衣帛矣。雞豚狗彘之畜。無失其時。七十者可以食肉矣。百畝之田。勿奪其時。八口之家。可以無飢矣。謹庠序之教。申之以孝弟之義。頒白者不負戴于道路矣。死徙無出鄉。鄉田同井。出入相友。守望相助。疾病相扶持。則百姓親睦。故曰。王者之民。皞皞如也。殺之而不怨。利之而不庸。民日遷善而不知爲之者也。孔子之論大同之世也。曰大道之行也。天下爲公。簡賢與能。講信修睦。故人不獨親其親。子其子。使老有所終。壯有所用。幼有所長。鰥寡孤獨廢疾者。皆有所養。男有分。女有歸。貨惡其棄于地也。不必藏于己。力惡其不出于身也。不必爲己。是故謀閉而不興。盜竊亂賊而不作。故外戶而不閉。最謂大同。

大同之世。將何以致之。其必有待于教矣。教之唯何。不忍人之心而已。不忍人之心者仁也。義也。教之仁。則己欲立而立人。己欲達而達人。則人不獨親其親。子其子。使老有所終。壯有所用。幼有所長。鰥寡孤獨廢疾者皆有所養矣。教之義。則己所不欲。不施于人矣。己所不欲。不施于人。則男有分。女有歸。貨惡其棄于地。而不藏于己。力惡其不出于身。而不爲己。謀閉而不興。盜竊亂賊而不作。外戶而不閉矣。故使仁義之教。大白于天下。使天下之人。均能復其本性。知夫仁義禮知。均非外鑠。均我固有之者。均能擴而充之。則天下之人。豈非均爲仁人義士。天下之人。均爲仁人義士。則世界焉得而非大同哉。

然則何如而可使天下之人均爲仁人義士也。曰。亦在謹庠序之教。申之以孝弟之義而已。孝者。親親也。親親仁也。弟者敬長也。敬長義也。親吾之親以及人之親。敬吾之長以及人之長。天下可運之掌上。故有子曰。其爲人也孝弟。而好犯上者鮮矣。不好犯上。而好作亂者。未之有也。故孝弟之教興。則仁義之化行。仁義之化行。則大同之世致矣。雖然。倉廩實而後知禮節。衣食足。而後知榮辱。若惟救死而恐不贍。則奚暇治禮義。此孟子言仁政所以必先言治民之產。使之仰足以事父母。俯足以畜妻子。樂歲終身飽。凶年免于死亡也。故富之教之。是王政之大端也。

故曰。天生民而立之君。使司牧之。勿使失性。所以使其富之教之。使民生民德均能蒸蒸日上而期天下于大同之世也。是禮教主義之大綱也。而其一貫之道。則曰仁義而已矣。其窮理盡性也。明倫積學也。敦禮立身也。皆所以使天下之人。人人均能明其仁義之性。盡其仁義之性而已。其民生國用理財之方也。禮樂刑政教化之具也。任官分職發號施令禁暴衞民之施設也。皆所以使天下之人。人人皆能安然明其仁義之性。而盡人物之性。而使天下爲大同之世也。大同之世致。而萬物備。而天下平治矣。中國古代倫理政治思想。盡于此矣。

禮教主義。以孔孟爲代表。而其說非皆孔孟之說也。孔子曰。我非生而知之者。好古敏以求之者也。又曰。述而不作。信而好古。竊比于我老彭。又曰。先進于禮樂。野人也。後進于禮樂。君子也。如用之。則吾從先進。又曰。夏禮吾能言之。杞不足徵也。殷禮吾能言之。宋不足徵也。文獻不足故也。足則吾能徵之矣。又曰。周鑒于二代。郁郁乎文哉。吾從周。故中庸曰。仲尼祖述堯舜。憲章文武。是孔子固未嘗作也。尙書記堯舜禹湯文武成康之政教。間或有若干僞篇。然未可據以掩沒全書也。詩三百篇。記殷周時事及其時民間風俗習尚。易傳曰。易之興也。其于中古乎。作易者其有憂患乎。又曰易之興也。其當殷之末世。周之盛德耶。當文王與紂之事耶。是作者爲誰。孔子亦未能確定。所能確定者。則先于孔子者也。故孔子曰。假我數年。五十以學易。可以無大過矣。惟其爲書也。觀變于陰陽而立卦。發揮于剛柔而生爻。和順于道德而理于義。窮理盡性以至于命。故曰。昔者聖人之作易也。將以順性命之理。是以立天之道。曰陰與陽。立地之道。曰柔與剛。立人之道。曰仁與義。是其爲書也。原始要終。廣大悉備。故孔子樂而玩之。而贊其義。遂成易傳。蓋猶後世學者之作劄記也。春秋則魯史官所作。與晉之乘楚之檮杌同一義也。孟子曰。孔子成春秋。而亂臣賊子懼。是或魯史官所作之簡報。孔子特定一體例。編纂之而成書耳。至春秋左氏傳。則出左邱明之手。蓋以春秋記載太略。故詳敍當時之史實。以補充之。孔子謂伯魚曰。不學禮。無以立。孔子又曰。興于詩。立于禮。成于樂。故曰。吾學周禮。今用之。吾從周。又曰。甚矣。吾衰也。久矣。吾不復夢見周公。是孔子之所謂禮。殆謂周禮。周禮又殆爲周公所作。惟周公是否完成其書。不能確定。而在孔子時。至少已成一大部分。則可斷言也。今之周禮。是否爲孔子時之周禮。不能確定。而二戴所作之禮記。記載春秋戰國之際盛行之禮教。及儒家之思想。則無疑義。而此種禮教及思想。至少又有一大部分。沿襲周公所作之周禮。則又無疑義。論語記孔子之言行。大學爲曾子所作。中庸爲子思所作。孟子爲孟軻所作。皆無疑義者。詩也。書也。易也。禮也。春秋也。論孟也。大學中庸也。皆禮教主義之淵源也。中國倫理政治思想之府庫也。故禮教主義之創作者非一人。上溯堯舜。下逮春秋戰國時之賢士大夫。皆與有分焉。而以孔孟爲代表者。孔孟特集其大成。而昌明之耳。世之學者。誠能即此而探求之。取其精華。略其形跡。探其意義。而不拘于其文字。善讀古人之書。與時推移。而善用之。則我國數千年立國之基。或不致中墜。古先聖賢對于世界人類文化之貢獻。或不致泯滅乎。

敬啟

『民國專題史』叢書，乃民國時期出版的著名學者、專家在某一專題領域的學術成果。所收圖書絶大部分著作權已進入公有領域，但仍有極少圖書著作權還在保護期內，需按相關要求支付著作權人或繼承人報酬。因未能全部聯系到相關著作權人，請見到此説明者及時與河南人民出版社聯系。

聯系人 楊光
聯系電話 0371-65788063
2016年3月28日